Energie in Naturwissenschaft, Technik, Wirtschaft und Gesellschaft

Die Frage nach der Energieversorgung ist entscheidend dafür, wie sich die Zukunft gestaltet – sowohl was technische Entwicklungsarbeit betrifft als auch wirtschaftliche Konzepte oder einen gesellschaftlichen Wandel. Je nach räumlicher Betrachtungsebene (global, national oder regional) stehen unterschiedliche Fragestellungen, Sichtweisen oder Herausforderungen im Vordergrund.

Die Titel dieser Buchreihe wollen somit auf neue Perspektiven aufmerksam machen, und in interdisziplinärer Weise Facetten rund um die Energieerzeugung, -nutzung, -verteilung, -wirtschaft und Wirtschaftlichkeit sowie zur Bedeutung für Umwelt und Gesellschaft beleuchten.

Um dies zu erreichen, bearbeiten in der Reihe *Energie in Naturwissenschaft, Technik, Wirtschaft und Gesellschaft* Autoren aus unterschiedlichen wissenschaftlichen Disziplinen zusammen ein Thema und entzünden gemeinsam eine Diskussion zu energiespezifischen Fragestellungen aus mehreren Blickwinkeln.

Weitere Bände in der Reihe http://www.springer.com/series/14344

Jürgen Kreusch · Wolfgang Neumann ·
Anne Eckhardt

Entsorgungspfade für hoch radioaktive Abfälle

Analyse der Chancen, Risiken und Ungewissheiten

Jürgen Kreusch
Hannover, Deutschland
Berlin, Deutschland

Wolfgang Neumann
Hannover, Deutschland
Berlin, Deutschland

Anne Eckhardt
risicare GmbH
Zollikerberg, Schweiz

ISSN 2366-6242 ISSN 2366-6250 (electronic)
Energie in Naturwissenschaft, Technik, Wirtschaft und Gesellschaft
ISBN 978-3-658-26709-4 ISBN 978-3-658-26710-0 (eBook)
https://doi.org/10.1007/978-3-658-26710-0

Die Deutsche Nationalbibliothek verzeichnet diese Publikation in der Deutschen Nationalbibliografie; detaillierte bibliografische Daten sind im Internet über http://dnb.d-nb.de abrufbar.

© Springer Fachmedien Wiesbaden GmbH, ein Teil von Springer Nature 2019
Das Werk einschließlich aller seiner Teile ist urheberrechtlich geschützt. Jede Verwertung, die nicht ausdrücklich vom Urheberrechtsgesetz zugelassen ist, bedarf der vorherigen Zustimmung des Verlags. Das gilt insbesondere für Vervielfältigungen, Bearbeitungen, Übersetzungen, Mikroverfilmungen und die Einspeicherung und Verarbeitung in elektronischen Systemen.
Die Wiedergabe von allgemein beschreibenden Bezeichnungen, Marken, Unternehmensnamen etc. in diesem Werk bedeutet nicht, dass diese frei durch jedermann benutzt werden dürfen. Die Berechtigung zur Benutzung unterliegt, auch ohne gesonderten Hinweis hierzu, den Regeln des Markenrechts. Die Rechte des jeweiligen Zeicheninhabers sind zu beachten.
Der Verlag, die Autoren und die Herausgeber gehen davon aus, dass die Angaben und Informationen in diesem Werk zum Zeitpunkt der Veröffentlichung vollständig und korrekt sind. Weder der Verlag, noch die Autoren oder die Herausgeber übernehmen, ausdrücklich oder implizit, Gewähr für den Inhalt des Werkes, etwaige Fehler oder Äußerungen. Der Verlag bleibt im Hinblick auf geografische Zuordnungen und Gebietsbezeichnungen in veröffentlichten Karten und Institutionsadressen neutral.

Lektorat: Dr. Daniel Fröhlich

Springer ist ein Imprint der eingetragenen Gesellschaft Springer Fachmedien Wiesbaden GmbH und ist ein Teil von Springer Nature.
Die Anschrift der Gesellschaft ist: Abraham-Lincoln-Str. 46, 65189 Wiesbaden, Germany

Danksagung

Wir danken dem Bundesministerium für Bildung und Forschung (BMBF), das die Forschungsplattform ENTRIA und damit auch die diesem Buch zugrunde liegenden Untersuchungen unter den Förderkennzeichen 15S9082 A bis E finanziert hat. Ein besonderer Dank gilt unseren Kolleginnen und Kollegen bei ENTRIA für die gute und anregende Zusammenarbeit über die Grenzen von Institutionen und Fachdisziplinen hinaus.

Inhaltsverzeichnis

1 **Auf dem Weg zur sicheren Entsorgung**............................... 1

2 **Entsorgungsoptionen und Entsorgungspfade**....................... 3
    2.1   Endlager, Tiefenlager, Oberflächenlager........................... 3
    2.2   Merkmale von Entsorgungsoptionen.............................. 5
    Literatur.. 14

3 **Internationale Erfahrungen**.. 17
    3.1   Deutschland... 18
    3.2   Schweiz... 23
    3.3   Niederlande... 26
    3.4   Schweden... 29
    Literatur.. 32

4 **Rückholbarkeit und Monitoring**.................................... 35
    4.1   Hoch radioaktive Abfälle rückholen – warum?..................... 35
    4.2   Generelle Varianten der Rückholbarkeit........................... 37
    4.3   Generelle Vorteile und Nachteile der Rückholbarkeit................ 39
    4.4   Umsetzung der Rückholbarkeit.................................. 42
    4.5   Funktionen und Probleme des Monitorings........................ 47
    4.6   Rückholbarkeit und Monitoring: Ein überzeugendes Modell?......... 55
    Literatur.. 56

5 **Risiko, Sicherheit und Ungewissheit**................................ 59
    5.1   Ziel der Entsorgung: Sicherheit................................. 59
    5.2   Welche Risiken sind akzeptabel?................................ 63
    5.3   Ungewissheiten – oft unterschätzt............................... 72
    5.4   Sicherheit und Wirtschaftlichkeit................................ 76
    Literatur.. 80

6	**Vergleichende Risikobewertung**	83
	6.1 Verlauf von Entsorgungspfaden	84
	6.2 Sicherheitskonzepte für die Entsorgungspfade	88
	6.3 Bewertung nach kalkulierbaren Risiken und Ungewissheiten	94
	6.4 Bewertung nach Sicherheitsfunktionen und Robustheitsdefiziten bei der End- bzw. Tiefenlagerung	98
	6.5 Bewertung nach radiologischen Risiken und schwerwiegenden Einwirkungen von außen	108
	6.6 Risikokarte	121
	Literatur	125
7	**Die beste Option**	129

Glossar 133

Stichwortverzeichnis 135

Abkürzungsverzeichnis

ADS	Accelerator-Driven-System
AkEnd	Arbeitskreis Auswahlverfahren Endlagerstandorte (Deutschland)
Andra	L'Agence nationale pour la gestion des déchets radioactifs (Frankreich)
AtG	Gesetz über die friedliche Verwendung der Kernenergie und den Schutz gegen ihre Gefahren – Atomgesetz (Deutschland)
BfB	Bundesanstalt für Bodenforschung (Deutschland, heute BGR)
BfE	Bundesamt für kerntechnische Entsorgungssicherheit (Deutschland)
BFE	Bundesamt für Energie (Schweiz)
BfS	Bundesamt für Strahlenschutz (Deutschland)
BGBl	Bundesgesetzblatt (Deutschland)
BGE	Bundesgesellschaft für Endlagerung (Deutschland)
BGR	Bundesanstalt für Geowissenschaften und Rohstoffe (Deutschland)
BMU	Bundesministerium für Umwelt, Naturschutz und Reaktorsicherheit bis 2013, Bundesministerium für Umwelt, Naturschutz und nukleare Sicherheit seit 2018 (Deutschland)
BMUB	Bundesministerium für Umwelt, Naturschutz, Bau und Reaktorsicherheit (Deutschland, von 2013 bis 2018)
BVerwG	Bundesverwaltungsgericht (Deutschland)
CLAB	Centralt mellanlager för använt kärnbränsle (Schweden)
CORA	Commissie Opberging Radioactief Afval (Niederlande)
COVRA	Centrale organisatie voor radioactief afval (Niederlande)
DAEF	Deutsche Arbeitsgemeinschaft Endlagerforschung (Deutschland)
DBET	Deutsche Gesellschaft zum Bau und Betrieb von Endlagern für Abfallstoffe (DBE) Technology GmbH (Deutschland, heute BGE)
EKRA	Expertengruppe Entsorgungskonzepte für radioaktive Abfälle (Schweiz)
ENSI	Eidgenössische Nuklearsicherheitsinspektorat (Schweiz)
EntsorgFondsG	Gesetz zur Errichtung eines Fonds zur Finanzierung der kerntechnischen Entsorgung (Deutschland)

ENTRIA	Forschungsplattform Entsorgungsoptionen für radioaktive Reststoffe: Interdisziplinäre Analysen und Entwicklung von Bewertungsgrundlagen (Deutschland)
ERDO	European Repository Development Organisation Working Group (Europa)
ESK	Entsorgungskommission (Beratungsgremium des BMU, Deutschland)
EU	Europäische Union (Europa)
ewG	einschlusswirksamer Gebirgsbereich
FAZ	Frankfurter Allgemeine Zeitung (Deutschland)
GEOSAF	International Project on Demonstrating the Safety of Geological Disposal (IAEA)
GRS	Gesellschaft für Anlagen- und Reaktorsicherheit gGmbH (Deutschland)
HABOG	Hoogradioactief Afval Behandelings Gebouw (Niederlande)
HSK	Hauptabteilung für die Sicherheit von Kernanlagen (Schweiz, heute ENSI)
IAEA	International Atomic Energy Agency (Vereinte Nationen)
ICRP	International Commission on Radiological Protection (internationale gemeinnützige Organisation)
IGM/ÖTV	Arbeitsgemeinschaft Kerntechnik der Industriegewerkschaft Metall (IGM) und der Gewerkschaft Öffentliche Dienste, Transport und Verkehr (ÖTV) (Deutschland)
IMO	International Maritime Organization (Vereinte Nationen)
ITAS	Institut für Technikfolgenabschätzung und Systemanalyse (Deutschland)
KEG	Kernenergiegesetz (Schweiz)
MIW	Ministerie van Infrastructuur en Waterstaat (Niederlande)
MKG	Miljöorganisationernas kärnavfallsgranskning (Schweden)
Nagra	Nationale Genossenschaft für die Lagerung radioaktiver Abfälle (Schweiz)
NEA	Nuclear Energy Agency (OECD)
NEZ	Nukleares Entsorgungszentrum (Deutschland)
NMU	Niedersächsisches Umweltministerium (Deutschland)
NWTRB	U.S. Nuclear Waste Technical Review Board (USA)
OECD	Organisation for Economic Co-operation and Development
ONDRAF/NIRAS	Organisme National des Déchets Radioactifs et des matières fissiles enrichies – Nationale Instelling voor Radioactief Afval en verrijkte Splijtstoffen (Belgien)
OPERA	Onderzoeks Programma Eindberging Radioactief Afval (Niederlande)
OVG S-H	Schleswig-Holsteinisches Oberverwaltungsgericht (Deutschland)
P&T	Partitioning and Transmutation

RSK	Reaktor-Sicherheitskommission (Beratungsgremium des BMU, Deutschland)
SAPIERR	Support Action: Pilot Initiative on European Regional Repository (Europäische Union)
SEWD	Sonstige Einwirkungen Dritter
SKB	Svensk Kärnbränslehantering AB (Schweden)
SSK	Strahlenschutzkommission (Beratungsgremium des BMU, Deutschland)
SSM	Strålsäkerhetsmyndigheten (Schweden)
StandAG	Standortauswahlgesetz (Deutschland)
StrlSchV	Verordnung über den Schutz vor Schäden durch ionisierende Strahlung – Strahlenschutzverordnung (Deutschland)
UBA	Umweltbundesamt (Österreich)
UVP	Umweltverträglichkeitsprüfung
VROM	Ministerie van Volkshuisvesting, Ruimtelijke Ordening en Milieubeheer (Niederlande, bis 2010)
VSG	Vorläufige Sicherheitsanalyse Gorleben (Deutschland)
WIPP	Waste Isolation Pilot Plant (USA)
WNA	World Nuclear Association (internationale Nichtregierungsorganisation)
ZNF	Carl Friedrich von Weizsäcker-Zentrum für Naturwissenschaft und Friedensforschung der Universität Hamburg (Deutschland)

Abbildungsverzeichnis

Abb. 3.1	Oberflächenlager HABOG in den Niederlanden (Foto: M. Reichardt und D. Köhnke)	26
Abb. 4.1	Schematischer Ablauf der End- bzw. Tiefenlagerung mit Hinweisen zur Rückholbarkeit und Gewährleistung der Sicherheit (NEA 2011, S. 36)	38
Abb. 4.2	Mögliche Handlungsalternativen nach der Beurteilung einer gegebenen Situation auf dem Entsorgungspfad. Abbildung gemäß (NEA 2011, S. 24), leicht modifiziert	40
Abb. 4.3	Geologisches Tiefenlager für hochaktive Abfälle in der Schweiz (Nagra 2019)	43
Abb. 4.4	Modell des Tiefenlagers für hoch radioaktive Abfälle in Frankreich (Andra 2019)	45
Abb. 4.5	Konzept für das Modell eines generischen Tiefenlagers mit Rückholbarkeit (Stahlmann et al. 2015, S. 27)	46
Abb. 5.1	Im nordatlantischen Ozean deponierte radioaktive Abfälle. Anteil verschiedener Länder an der gesamten eingebrachten Radioaktivität (IAEA 1999, S. 16)	61
Abb. 5.2	Zeitplan für die Realisierung eines Tiefenlagers in der Schweiz (Nagra 2018)	65
Abb. 5.3	Merkmale, die Risikoansichten prägen (Marti 2016, S. 21)	67
Abb. 5.4	Elemente des Safety Case (IAEA 2012, S. 16)	69
Abb. 5.5	Ungewissheiten und Verfügbarkeit von Informationen (Eckhardt und Rippe 2016, S. 57)	73
Abb. 5.6	Verhältnis von Sicherheit, Gerechtigkeit und Wirtschaftlichkeit – Modell 1: Das übergeordnete Ziel der Entsorgung stellt die Sicherheit von Mensch und Umwelt dar. Ein wichtiger Grundsatz für die Ausgestaltung des Entsorgungspfads ist Gerechtigkeit. Maßnahmen zur Erreichung der Sicherheit und zur Umsetzung des Grundsatzes der Gerechtigkeit sollen möglichst wirtschaftlich ausgestaltet werden	78

Abb. 5.7	Verhältnis von Sicherheit, Gerechtigkeit und Wirtschaftlichkeit – Modell 2: Sicherheit und Gerechtigkeit stellen wichtige Werte dar, denen die Entsorgung verpflichtet ist. Nachdem entschieden wurde, wie viele Ressourcen für die Entsorgung eingesetzt werden sollen, müssen diese Ressourcen so verwendet werden, dass ein möglichst hohes Maß an Sicherheit und nachgeordnet ein möglichst hohes Maß an Gerechtigkeit erzielt wird	78
Abb. 6.1	STEAG-Konzept. Grundlage für das hier fortgeschriebene Konzept für ein Oberflächenlager (Reichardt et al. 2017)	92
Abb. 6.2	Risikokarte – Darstellung der Entsorgungspfade entlang eines Zeitstrahls	122
Abb. 6.3	Risikokarte – Auszug mit Darstellung des für die vergleichende Bewertung verwendeten Farbcodes	122
Abb. 6.4	Risikokarte	124
Abb. 7.1	Optimierung des Monitorings im Spannungsfeld	131

Auf dem Weg zur sicheren Entsorgung 1

Am 14. März 2011 vollzog die deutsche Bundesregierung als Konsequenz aus der Nuklearkatastrophe von Fukushima eine radikale Kursänderung ihrer Atompolitik: Weg von der gerade erst im Oktober 2010 beschlossenen Laufzeitverlängerung der Kernkraftwerke hin zu einem Ausstieg aus der Atomkraftnutzung. Am 30. Juni 2011 beschloss der Bundestag mit großer Mehrheit den Ausstieg, und der Bundesrat stimmte diesem Beschluss am 8. Juli zu. Das entsprechend geänderte Atomgesetz (AtG) trat am 6. August 2011 in Kraft. Damit verloren acht ältere deutsche Kernkraftwerke sofort ihre Leistungsbetriebserlaubnis, und die verbleibenden neun Reaktoren müssen Schritt für Schritt bis zum 31. Dezember 2022 vom Netz genommen werden. Als erste der neun verbliebenen Reaktoren wurden im Jahre 2017 das Kernkraftwerk in Grafenrheinfeld und Block B des Kernkraftwerks Gundremmingen endgültig abgeschaltet.

Mit dem schrittweisen Abschalten der Kernkraftwerke bis Ende 2022 wird das Risiko eines katastrophalen Reaktorunfalls in Deutschland zwar stufenweise verringert bzw. nach 2022 ohne Bedeutung sein, es verbleiben aber die Hinterlassenschaften der Atomkraftnutzung in Form von radioaktiven Abfällen. Dabei sind die bestrahlten Brennelemente und die in Deutschland vorhandenen sowie noch aus dem Ausland zu liefernden radioaktiven Abfälle aus der Wiederaufarbeitung von besonderer Bedeutung, da sie zwar nur ca. 10 % des radioaktiven Massenanteils des Abfalls umfassen, aber ca. 99 % der Gesamtaktivität des Abfalls enthalten. Die restlichen ca. 1 % der Gesamtaktivität entfallen auf vernachlässigbar wärmeentwickelnde schwach und mittel radioaktive Abfälle. Zu diesen direkt den Kernkraftwerken zuzuordnenden radioaktiven Abfällen kommt noch eine Vielfalt sonstiger radioaktiver Abfälle, beispielsweise aus der der Urananreicherung, der geplanten Rückholung der in der havarierten Schachtanlage Asse II eingelagerten radioaktiven Abfälle sowie in deutlich geringerem Umfang radioaktive Abfälle aus Forschung, Technik und Medizin.

© Springer Fachmedien Wiesbaden GmbH, ein Teil von Springer Nature 2019
J. Kreusch et al., *Entsorgungspfade für hoch radioaktive Abfälle*,
Energie in Naturwissenschaft, Technik, Wirtschaft und Gesellschaft,
https://doi.org/10.1007/978-3-658-26710-0_1

Nach der gesetzlichen Festlegung des Atomausstiegs konzentriert sich in Deutschland die Diskussion zunehmend auf die Entsorgung der hoch radioaktiven Abfälle. Die Antworten auf die Fragen „Was tun mit den radioaktiven Abfällen?" bzw. „Welche Entsorgungsoption sollte verfolgt werden?" gewinnen in der interessierten Öffentlichkeit an Schärfe, weil der langfristig sichere Umgang mit den Abfällen und ihre schadlose Beseitigung von vielen Bürgern als ungelöste oder zumindest doch problematische Hinterlassenschaft des zu Ende gehenden Atomzeitalters in Deutschland angesehen wird. Auseinandersetzungen um die Art und Weise der Entsorgung der radioaktiven Abfälle sind seit Jahrzehnten auch aus vielen anderen Ländern bekannt, die Atomenergie nutzen. In Deutschland findet jedoch eine besonders harte gesellschaftliche und wissenschaftliche Auseinandersetzung darüber statt.

Vor diesem Hintergrund wurden in den Jahren 2013 bis 2017 in dem Verbundprojekt „Entsorgungsoptionen für radioaktive Reststoffe: Interdisziplinäre Analysen und Entwicklung von Bewertungsgrundlagen" (ENTRIA) die drei international am meisten diskutierten Entsorgungsoptionen von Forschenden in den Bereichen der Sozial- und Geisteswissenschaften sowie der Natur- und Ingenieurwissenschaften gemeinsam untersucht. Im Rahmen von ENTRIA wurde auch ein Vergleich der Risiken dieser Entsorgungsoptionen durchgeführt. Dabei wurde der gesamte Entsorgungspfad, der von der Entscheidung für eine Entsorgungsoption bis zu deren Abschluss erforderlich ist, in den Vergleich einbezogen. Der Risikovergleich wird in diesem Buch vorgestellt.

Seit 2017 ist das gegenwärtig gültige Standortauswahlgesetz (StandAG) in Kraft. In ihm wird für Deutschland die Entsorgungsoption „Endlagerung" festgelegt. Ein Risikovergleich mit anderen Entsorgungsoptionen ist dennoch weiterhin sinnvoll, weil erfahrungsgemäß immer wieder Diskussionen aufkommen, ob die gewählte Option die Richtige ist.

Die „Endlagerung" in Deutschland ist eigentlich eine sehr reduzierte Form der Tiefenlagerung. Die Tiefenlagerung gleicht der Endlagerung; bei ihr ist jedoch vorgesehen, die radioaktiven Abfälle rückholen zu können. Das Vorgehen in anderen Ländern wie Frankreich und der Schweiz, die eine Tiefenlagerung beabsichtigen, könnte daher künftig auf Entscheidungen in Deutschland abfärben. Wenn sich während der Standortauswahl Probleme herausstellen oder Erkenntnisse gewonnen werden, die eine größere Untersuchungsdauer bedingen, wird möglicherweise die Oberflächenlagerung relevant.

Zudem könnten Elemente der Oberflächen- und der Tiefenlagerung auf dem Entsorgungspfad, der zur Endlagerung führt, eine Rolle spielen. Eine Oberflächenlagerung ist denkbar, wenn die Dauer der Zwischenlagerung aufgrund von Verzögerungen bei der Realisierung des Endlagers deutlich verlängert werden muss. Die Entscheidung für Rückholbarkeit und eine Überwachung („Monitoring") über die zur Einlagerung der hoch radioaktiven Abfälle erforderliche Zeitspanne hinaus liegt nahe, wenn während dem Betrieb des tiefengeologischen Lagers Zweifel daran auftreten, ob es die geforderte Sicherheit tatsächlich gewährleisten kann.

Im vorliegenden Buch werden neue Ansätze vorgestellt, um die Sicherheit von Entsorgungspfaden zu beurteilen und vergleichend zu bewerten. Die Vor- und Nachteile von Rückholbarkeit und Monitoring werden näher ausgelotet.

Entsorgungsoptionen und Entsorgungspfade

2.1 Endlager, Tiefenlager, Oberflächenlager

Für die Entsorgung hoch radioaktiver Abfälle sind viele Lösungen denkbar (siehe Abschn. 2.2.3). International werden heute vor allem drei Entsorgungsoptionen näher in Betracht gezogen oder in nationalen Entsorgungsprogrammen umgesetzt. Diese Optionen wurden im Rahmen des Forschungsprojekts ENTRIA eingehender untersucht. Es handelt sich dabei um die Endlagerung, die Tiefenlagerung mit Rückholbarkeit und die Oberflächenlagerung:

Ein Endlager ist ein bergwerkähnliches Bauwerk in tiefen geologischen Formationen. Die Abfälle werden zur Entsorgung in das Bergwerk eingelagert und dieses verfüllt bzw. versetzt und verschlossen. Die Sicherheit des Lagers wird bei den Wirtsgesteinen Salz und Ton vor allem durch die natürlichen Barrieren gewährleistet, beim Wirtsgestein Kristallin durch die technischen Barrieren, in erster Linie durch die Abfallbehälter und den Bentonitversatz. Angestrebt wird ein Zustand der langfristig passiven Sicherheit. Dieser Zustand soll nach Abschluss der Einlagerung der Abfälle möglichst schnell erreicht werden. Rückholbarkeit der hoch radioaktiven Abfälle und ein auf Rückholbarkeit ausgerichtetes Monitoring sind bei einem Endlager nicht vorgesehen.

Ein Tiefenlager mit Rückholbarkeit gleicht einem Endlager. Beim Tiefenlager mit Rückholbarkeit werden jedoch Vorkehrungen getroffen, um die hoch radioaktiven Abfälle ggf. wieder gut aus dem Lagerbergwerk entfernen zu können. Dazu gehört auch ein Monitoring, das die Entscheidung ermöglicht, ob eine Rückholung aus Sicherheitsgründen erforderlich ist oder nicht. Abhängig von der vorgesehenen Dauer des Monitorings ist beim Tiefenlager mit Rückholbarkeit eine verlängerte Betriebszeit notwendig. Die langfristig-passive Sicherheit des Lagers wird bei den Wirtsgesteinen Salz und Ton vor allem durch die natürlichen Barrieren gewährleistet, beim Wirtsgestein Kristallin durch die technischen Barrieren, in erster Linie durch die Abfallbehälter und den Bentonitversatz.

Bei der Oberflächenlagerung werden die hoch radioaktiven Abfälle in einem Gebäude an der Erdoberfläche für einen Zeitraum von bis zu etwa 200 Jahren gelagert. Die Sicherheit des Lagers wird vor allem durch die Robustheit der Gebäudehülle und die massiven Abfallbehälter gewährleistet. Ein Oberflächenlager lässt sich verhältnismäßig einfach überwachen. Im Verlauf der Lagerdauer muss es instand gehalten werden. Die Aufrechterhaltung der Sicherheit erfordert also aktives menschliches Handeln über den gesamten Lagerzeitraum. Im Anschluss an die Oberflächenlagerung sind in jedem Fall weitere Maßnahmen zum Verbleib der Abfälle erforderlich.

Ein End- bzw. Tiefenlager ist ebenso wie ein Oberflächenlager Teil eines Entsorgungspfads. Als Entsorgungspfad werden alle Schritte bezeichnet, die erforderlich sind, bis die Abfälle auf Dauer passiv sicher entsorgt worden sind bzw. so behandelt wurden, dass von ihnen kein unzulässiges Risiko mehr für Mensch und Umwelt ausgeht. So muss beispielsweise bei allen drei Optionen bis zur Inbetriebnahme der jeweiligen Anlage eine Zwischenlagerung erfolgen. Je nach Entsorgungsoption sind auch Konditionierungsmaßnahmen für die hoch radioaktiven Abfälle erforderlich. Bei der Oberflächenlagerung muss spätestens zum Ende der Lagerzeit klar sein, wie mit den Abfällen weiter umgegangen werden soll, also ob zum Beispiel eine End- oder Tiefenlagerung erfolgen soll.

Die Entsorgungsoptionen End- oder Tiefenlagerung für hoch radioaktive Abfälle sind bis heute weltweit noch in keinem Land der Erde umgesetzt worden. Entsprechende Planungen dafür laufen jedoch schon seit vielen Jahren. In Finnland sind die Arbeiten an einem Endlager inzwischen weit fortgeschritten, dessen Inbetriebnahme für den Beginn der 2020er Jahre geplant ist (POSIVA 2018). Auch in Schweden ist die Planung bereits weit fortgeschritten, ein Gericht hat aber das weitere Vorgehen vorerst gestoppt (siehe Abschn. 3.4).

Für schwach und mittel radioaktive Abfälle werden international nur einige wenige untertägige Endlager betrieben, die in ehemaligen Gewinnungsbergwerken im Steinsalz oder im Kristallingestein speziell angelegt wurden. Zwei solcher Lager in Steinsalz waren in Deutschland in Betrieb, das Endlager Morsleben und die Schachtanlage Asse, eines wird mit der Waste Isolation Pilot Plant (WIPP) in den USA betrieben. Im Kristallingestein wird das schwedische Lager Forsmark betrieben (siehe Abschn. 3.4). Die beiden Lager in Deutschland werden heute aufgrund einer falschen Standortauswahl und spezieller Schwierigkeiten, die aus dem ehemaligen Salzabbau resultieren, als gescheiterte Endlager angesehen und müssen mit einem Milliardenaufwand gesichert werden. Das Lager WIPP ist 2014 durch einen Brand erheblich beschädigt worden. Der Einlagerungsbetrieb musste unterbrochen werden, und die Auswirkungen auf die Langzeitsicherheit sind noch nicht abschließend geklärt.

Die Oberflächenlagerung hoch radioaktiver Abfälle ist in den Niederlanden mit einem spezifischen Lagerkonzept umgesetzt (siehe Abschn. 3.3).

2.2 Merkmale von Entsorgungsoptionen

2.2.1 End- und Tiefenlager

End- und Tiefenlager sind bergwerksartige Bauten im tiefen Untergrund, in denen hoch radioaktive Abfälle dauerhaft sicher untergebracht werden sollen. Die Tiefenlagerung unterscheidet sich von der Endlagerung dadurch, dass bei der Tiefenlagerung Vorkehrungen für Rückholbarkeit und Monitoring getroffen werden.

Die Zweckbestimmung eines End- oder Tiefenlagers besteht in der langfristigen passiv-sicheren Isolation der Schadstoffe in tiefen geologischen Formationen. Auf diese Weise wird der Schutz von Werten – allen voran Leben und Gesundheit von Menschen – gewährleistet. Zu den Schadstoffen in einem End- oder Tiefenlager gehören nicht nur die Radionuklide, sondern auch chemotoxische Stoffe, die in den hoch radioaktiven Abfällen enthalten sind, zum Beispiel Schwermetalle. Bestimmte Radionuklide erzeugen bei ihrem Zerfall zudem Wärme, was besondere Anforderungen an ihre Entsorgung stellt.

Das Gefahrenpotenzial radioaktiver Abfälle nimmt mit der Zeit ab. Grund dafür ist der Zerfall der Radionuklide. Bei einigen Radionukliden, die lange Halbwertszeiten aufweisen, geschieht dies jedoch nur sehr langsam, und beim Zerfall von Radionukliden können neue Radionuklide entstehen. Deshalb sind auch nach einem Zeitraum von einer Million Jahren viele langlebige Radionuklide in hoch radioaktiven Abfällen noch nicht in stabile, nicht radioaktive Nuklide zerfallen. Die Chemotoxizität der meisten Abfälle in einem End- oder Tiefenlager bleibt dauerhaft erhalten.

Das Gestein, in das die Abfallbehälter in einem End- oder Tiefenlager eingelagert werden, wird als Wirtsgestein bezeichnet. In Deutschland werden derzeit Salzgestein, Tonstein und kristalline Gesteine wie Granite oder Metamorphite bei der Suche für einen neuen Endlagerstandort als Wirtsgesteine berücksichtigt. Auch in anderen Ländern sind diese Gesteinsarten von großer Bedeutung für die End- bzw. Tiefenlagerung radioaktiver Abfälle. Nur in seltenen Einzelfällen sind andere Gesteinsarten als Wirtsgestein betrachtet worden, zum Beispiel vulkanische Tuffe in den USA.

Über die Frage, welches Wirtsgestein das Beste sei, wurde und wird international intensiv diskutiert. Inzwischen hat sich jedoch zunehmend die Erkenntnis durchgesetzt, dass jedes Wirtsgestein im Zusammenspiel mit dem wirtsgesteinsspezifischen Lagerkonzept Vor- und Nachteile aufweist, die differenziert gegeneinander abzuwägen sind. Im Rahmen eines Standortauswahlverfahrens für End- oder Tiefenlager müssen Wirtsgesteinskörper identifiziert werden, die günstige Eigenschaften für ein End- bzw. Tiefenlager aufweisen. Die standortspezifische Ausprägung des jeweiligen Wirtsgesteins ist letztlich für die Sicherheit des Lagers entscheidend.

Salzgesteine, und zwar speziell Steinsalz, sind im ungestörten Zustand extrem gering durchlässig für Flüssigkeiten und Gase und stellen deshalb eine gute Barriere gegen die langfristige Ausbreitung von Radionukliden aus einem End- oder Tiefenlager dar.

Salzgesteine kommen in bis zu mehreren hundert Meter dicken flach lagernden Salzschichten oder als Salzstöcke vor. Das Salz besteht aus Eindampfungsrückständen von Meeren, die vor Millionen Jahren durch starke Sonneneinstrahlung verdunsteten. Sie wurden schon seit den 1950er Jahren als Wirtsgesteine für die End- bzw. Tiefenlager hoch radioaktiver Abfälle in Betracht gezogen.

Tonsteine sind Sedimentablagerungen, die sich im Laufe der Erdgeschichte in Meeren in Form von Tonmineralen und sonstigen feinsten Bestandteilen ablagerten und verfestigten. Je weiter die Ablagerungen von den ehemaligen Küsten entfernt waren, umso größer ist der Anteil an abgelagerten Tonmineralien und umso kleiner der Anteil von feinem Sand und anderen Materialien. Solche Tonsteinablagerungen können mehrere hundert Meter Mächtigkeit aufweisen. Sie werden als Wirtsgesteine berücksichtigt, weil sie nur eine sehr geringe Durchlässigkeit aufweisen und ihre Tonminerale starke Sorptionseigenschaften besitzen. Damit können sie Radionuklide eine gewisse Zeit oder auch langfristig an sich binden, wodurch die Ausbreitung der Radionuklide entweder verzögert oder verhindert wird. Wie Steinsalz stellt auch Tonstein bei End- oder Tiefenlagern die Hauptbarriere gegen die langfristige Ausbreitung von Radionukliden dar.

Kristalline Gesteine zeigen mit Blick auf die End- bzw. Tiefenlagerung einige Eigenschaften, die sich deutlich von denjenigen der Salz- und Tongesteine unterscheiden. Anders als Salz und Ton weisen sie ein Netz von Klüften auf, in denen Grundwasser zirkulieren kann. Der mögliche Transport von Radionukliden mit Wasser wird also durch kristalline Gesteine nicht oder nur geringfügig behindert. Trotzdem werden kristalline Gesteine in verschiedenen Ländern als Wirtsgesteine betrachtet. Dort wird die Hauptlast der Radionuklidisolation von den Abfallbehältern und dem sie umgebenden Versatz übernommen, der im Allgemeinen als Bentonitversatz geplant ist. Dem umgebenden kristallinen Gestein kommt vor allem die Aufgabe zu, die Behälter gegen Einwirkungen von außen zu schützen.

Die aus den verschiedenen Gesteinstypen resultierenden funktionalen Unterschiede bei Endlagern und Tiefenlagern müssen bei der vergleichenden Risikobewertung von Entsorgungsoptionen berücksichtigt werden, ebenso wie bei der Erarbeitung von Sicherheitskonzepten und Sicherheitsnachweisen.

2.2.2 Oberflächenlager

Die Oberflächenlagerung ist eine bewusst gewählte Entsorgungsoption. Damit steht sie in klarem Gegensatz zur bisherigen und bis zur Realisierung der Oberflächenlagerung auch weiterhin notwendigen Zwischenlagerung. Die Oberflächenlagerung soll für einen Zeitraum von ca. 200 Jahren die sicherheitstechnische und sicherheitsnachweistechnische Weiterentwicklung der Endlagerung bzw. der Tiefenlagerung oder die Entwicklung einer neuen Entsorgungsoption mit verbesserter Sicherheit ermöglichen.

Die hoch radioaktiven Abfälle sollen in einem an der Erdoberfläche stehenden Gebäude gelagert werden. Dabei müssen Anforderungen erfüllt werden hinsichtlich

2.2 Merkmale von Entsorgungsoptionen

- Schutz der Abfälle gegen mechanische und thermische Einwirkungen aller Art,
- Abschirmung der ionisierenden Strahlung aus den Abfällen,
- Kühlung der warmen Abfälle zur Aufrechterhaltung ihrer Struktur und
- Gewährleistung der Kritikalitätssicherheit.

Wegen des langen Zeitraumes und zur möglichst weitgehenden Vermeidung aktiver Sicherheitssysteme ist für die Oberflächenlagerung eine trockene Lagerung der hoch radioaktiven Abfälle zielführend. Hierfür gibt es verschiedene Lagermöglichkeiten, die in Betonsilos oder in dickwandigen Behältern realisiert werden können.

Die Oberflächenlagerung in einem Betonsilo wurde bereits in den Niederlanden realisiert (siehe hierzu Abschn. 3.3). Dort handelt es sich um eine verhältnismäßig geringe Menge von hoch radioaktiven verglasten Abfällen aus der Wiederaufarbeitung und von Forschungsreaktorbrennelementen. In Deutschland sind neben einer größeren Menge solcher Abfälle auch eine große Zahl bestrahlter Brennelemente aus Leistungsreaktoren zu lagern.

Zur Kontrolle der ordnungsgemäßen Zustände der Behälter und des Gebäudes wird während des gesamten Zeitraums der Oberflächenlagerung eine Überwachung durchgeführt. Bei Unregelmäßigkeiten wären die Behälter jederzeit rückholbar, könnten instand gesetzt, repariert oder in ein anderes Lagergebäude umgelagert werden.

Der weitere Umgang mit den hoch radioaktiven Abfällen nach der ca. 200-jährigen Oberflächenlagerung ist nicht festgelegt. Er hängt vor allem von den technologischen Entwicklungen zur Erhöhung der Sicherheit für Entsorgungsoptionen und deren Nachweis ab sowie von gesellschaftlichen Entwicklungen. Eine Entscheidung wird frühestens wenige Jahrzehnte vor Ablauf der 200 Jahre getroffen werden. Deshalb können gegenwärtig zum Umgang mit den Abfällen für den Zeitraum nach der Oberflächenlagerung keine Aussagen gemacht werden. Mit dem heutigen Kenntnisstand blieben wahrscheinlich nur die Möglichkeit der End- oder Tiefenlagerung der Abfälle oder ihrer nochmaligen Oberflächenlagerung, sofern die dafür notwendigen Ressourcen zukünftig noch zur Verfügung stehen sollten.

2.2.3 Weitere Optionen und Elemente von Optionen

International wurden und werden auch andere Entsorgungsoptionen für den endgültigen Verbleib hoch radioaktiver Abfälle als die Endlagerung, die Tiefenlagerung und die Oberflächenlagerung diskutiert. Dies sind im Wesentlichen:

- Endlagerung in tiefen Bohrlöchern in der kontinentalen Erdkruste (Tiefe Bohrlochlagerung),
- Trennung und Umwandlung der Radionuklide aus den Abfällen (P & T),
- zeitlich unbegrenzte Lagerung an der Erdoberfläche (Dauerlagerung),

- Endlagerung unter dem Meeresboden in tektonisch ruhigen Gebieten der Tiefsee von Atlantik und Pazifik,
- Endlagerung unter dem Meeresboden in Subduktionszonen, insbesondere des Pazifiks,
- Endlagerung in Inlandeismassen der Antarktis bzw. Grönlands,
- Entsorgung im Weltraum.

Bis auf die Endlagerung in tiefen Bohrlöchern weisen diese Entsorgungsoptionen im Vergleich zur End- bzw. Tiefenlagerung in Bergwerken in tiefen geologischen Formationen erhebliche Nachteile auf. Einige dieser Optionen sind zudem aufgrund internationaler Abkommen oder nationalen Rechts nicht zulässig (Appel et al. 2015).

In diesem Kapitel werden nur die Endlagerung in tiefen Bohrlöchern sowie die Trennung und Umwandlung von Radionukliden betrachtet. Internationale Projekte zu Trennung und Umwandlung von Radionukliden werden seit einiger Zeit mit großem finanziellem Aufwand als Element einer Entsorgungsoption gefördert, zum Beispiel von der Europäischen Kommission. Immer wieder diskutiert wird zudem eine europäische oder darüber hinaus gehende internationale Lösung des Entsorgungsproblems, also die Endlagerung hoch radioaktiver Abfälle aus mehreren Ländern in einem gemeinsamen Endlager.

Lagerung in tiefen Bohrlöchern

Die Endlagerung hoch radioaktiver Abfälle und bestrahlter Brennelemente in mehrere Kilometer tiefen Bohrlöchern (>1500 m bis 5000 m) wird schon seit längerer Zeit immer wieder diskutiert, wurde aber bisher noch nirgendwo konzipiert oder gar realisiert. Erste Ideen zur Tiefen Bohrlochlagerung gab es in den 1950er Jahren in den USA und der ehemaligen UdSSR (Gibb et al. 2014). Allerdings hat sich die Diskussion in den vergangenen Jahren wiederum verstärkt, insbesondere als Alternative zu Endlagerbergwerken oder für bestimmte Abfalltypen (NWTRB 2016; Schilling 2015; Bates et al. 2014; Chapman 2013). Die Bohrlochlagerung kann möglicherweise die im Atomgesetz (AtG 2018) und im Standortauswahlgesetz (StandAG 2017) formulierten Anforderungen an die Entsorgung radioaktiver Abfälle in Deutschland erfüllen. Die Endlagerkommission in Deutschland hat die Tiefe Bohrlochlagerung als weiter zu beobachtende Option zur Entsorgung hoch radioaktiver Abfälle eingestuft, stellt sie aber hinter das Bergwerkskonzept zurück (Endlagerkommission 2016).

Bis zu einer Tiefe von ca. 5000 m und einem nutzbaren Durchmesser von 45 cm kann heute mit Standardbohrverfahren gebohrt werden. Allerdings weist die Mehrzahl der industriellen Bohrlöcher nur einen nutzbaren Durchmesser von ca. 31 cm auf. Zwischen Verrohrung und umgebendem Gestein, zwischen eingelagerten Gebinden und Verrohrung sowie zwischen den Abfallgebinden muss geeignetes Versatz- und Dichtungsmaterial eingebracht werden. Bei einem bis zu 5000 m tiefen Bohrloch sollen die untersten 2000 m Abfall aufnehmen, die nächsten 1000 m darüber sollen dann einen Verschluss aus verschiedenen Materialien (zum Beispiel Bentonit, Asphalt, Spezialzementen) aufweisen.

2.2 Merkmale von Entsorgungsoptionen

GRS (2016) geht von einem Mindestdurchmesser des Bohrlochs (mit Verrohrung) von 75 cm aus und einem Mindestabstand zwischen den Bohrungen von 50 m. All diese Größen sind veränderbar, je nach Einlagerungstiefe, zur Verfügung stehenden Mitteln, Entwicklungsarbeiten usw. Es gilt dabei aber, dass mit jedem Zentimeter an größerem Bohrlochdurchmesser gegenüber den heute üblichen Durchmessern die technischen Schwierigkeiten tiefer Bohrungen stark wachsen und damit auch die Kosten.

Zur Erfüllung der Anforderungen an die Langzeitsicherheit sind bei der Tiefen Bohrlochlagerung theoretisch Vorteile zu erwarten. Die übergeordneten Sicherheitsfunktionen werden von GRS (2016) folgendermaßen beschrieben: Durch die große Tiefe kann erreicht werden, dass im Hangenden, das heißt oberhalb des Einlagerungsbereiches, verschiedene unabhängig wirkende geologische Barrieren genutzt werden (Multibarrierenkonzept). Diese Barrieren umfassen mehrere wasserabdichtende Gesteinsschichten. Die Bohrungen müssen deshalb insbesondere im Bereich dieser Barrieren zuverlässig abgedichtet werden. Zusätzlich wird wegen geringer Grundwasserbewegung in großer Tiefe ein diffusionsdominiertes Ausbreitungsverhalten für die Schadstoffe erwartet. Aufgrund des großen Abstandes zwischen den Einlagerungsbereichen und den Schutzgütern, zum Beispiel nutzbaren Wasservorkommen, ist von extrem langen Transportzeiten auszugehen, weswegen signifikante Radionuklideinträge in die Biosphäre unwahrscheinlich sind.

Darüber hinaus sind weitere Vorteile zu erkennen (GRS 2016):

- keine Auffahrung eines Bergwerks mit Personeneinsatz unter Tage
- Schutz vor Proliferation durch einen technisch aufwendigeren Zugriff auf die Abfälle
- ein voraussichtlich geringerer Zeitbedarf zum Niederbringen von tiefen Bohrungen als zum Bau, Betrieb und Verschluss eines Endlagerbergwerks
- wahrscheinlich geringere Anforderungen an den Wirtsgesteinstyp, zum Beispiel Kristallin, woraus eine höhere Flexibilität bei der Standortauswahl resultieren kann

Die erkannten Nachteile und Risiken werden in GRS (2016) und DAEF (2015) dargelegt:

- Eine qualitätsgesicherte Erkundung der Einlagerungsbereiche in 3000 bis 5000 m für die Endlagerung ist in diesen großen Teufen nicht Stand der Technik.
- Bohrungen mit einem Durchmesser von bis zu mehreren Metern, so wie sie für die Tiefe Bohrlochlagerung eigentlich wünschenswert wären, sind für die vorgesehene Tiefe nicht Stand der Technik. Dies gilt auch für die dafür erforderliche Verrohrung.
- Ein zuverlässiger und sicherer Betrieb der Einlagerung von Endlagerbehältern in einer solchen Tiefe ist nicht Stand der Technik.
- Folgen von Betriebsstörungen scheinen aufgrund der Unzugänglichkeit im beengten Bohrloch unter Strahlenschutzbedingungen im Gegensatz zu solchen Störungen in einem End- bzw. Tiefenlagerbergwerk nicht beherrschbar, wodurch eine Fehlerkorrektur nahezu unmöglich ist.

- Ein Monitoring im Einlagerungsbereich ist in der vorgesehenen Tiefe von 3000 bis 5000 m sehr anspruchsvoll bis unmöglich, insbesondere im Hinblick auf die kabellose Datenübertragung über große Distanzen des viele hundert Meter mächtigen Verschlussbereichs.
- Eine Rückholbarkeit in der Betriebsphase und eine Bergbarkeit innerhalb von 500 Jahren nach Verschluss der Bohrlöcher sind in keinem der vorliegenden Konzepte vorgesehen, eine Bergung wird zudem als nahezu unmöglich angesehen.
- Bei der Endlagerung ausgedienter Brennelemente führt die Einlagerung großer Mengen an Spaltmaterial in einem Bohrloch unter Berücksichtigung der begrenzten Behälterstandzeit und des Vorhandenseins von Wasser als Moderator zu Kritikalitätsrisiken. Dies betrifft insbesondere die Endlagerung von ausgedienten Mischoxid-Brennelementen (MOX), die in Deutschland im Unterschied zu den USA und skandinavischen Ländern mehr als 10 % der ausgedienten Brennelemente ausmachen.
- Wie ein qualitätsgesicherter Verschluss der Bohrlöcher unter Berücksichtigung des Strahlenfeldes und der notwendigen Abschirmmaßnahmen in den beengten Bohrlöchern realisiert werden soll, ist nicht erkennbar.
- Ein Sicherheitskonzept, das die Ausweisung eines einschlusswirksamen Gebirgsbereichs (ewG) vorsieht, liegt für die Tiefe Bohrlochlagerung nicht vor. Der ewG ist der Teil des geologischen Untergrundes, der im Zusammenwirken mit den technischen Barrieren den Einschluss und die Rückhaltung der Radionuklide sicherstellt, sofern sich das Tiefenlager wie erwartet entwickelt.

Insgesamt ist die Tiefe Bohrlochlagerung eine interessante Entsorgungsoption, aber trotz etlicher Forschungsarbeiten sowohl rein technisch als auch mit Blick auf die Sicherheitsanforderungen weit von einer Realisierung entfernt. Bei näherer Betrachtung und Abwägung der Vor- und Nachteile dieser Endlageroption zeigen sich nach GRS (2016) deutliche Nachteile. Mit hoher Wahrscheinlichkeit würde ein konkreter Einstieg in diese Option noch weitere schwerwiegende Folgefragen aufwerfen.

Trennung und Umwandlung
Trennung und Umwandlung von Radionukliden aus den hoch radioaktiven Abfällen (international: Partitioning and Transmutation, deshalb kurz P&T) ist keine eigenständige oder vollständige Entsorgungsoption. Das ursprüngliche Ziel, mit dieser Technologie die Endlagerung hoch radioaktiver Abfälle überflüssig zu machen, hat sich inzwischen als nicht erreichbar erwiesen. Im günstigsten Fall kann eine Verringerung der Aktinide im End- oder Tiefenlager für hoch radioaktive Abfälle erreicht werden (Renn 2014). Damit könnten sich die Anforderungen an das Einschlussvermögen eines geologischen End- oder Tiefenlagers reduzieren. Der Nachweis für die Langzeitsicherheit ließe sich aufgrund weniger langlebiger Radionuklide entlasten.

Um langlebige Radionuklide aus dem hoch radioaktiven Abfall in stabile oder kurzlebige Nuklide umwandeln zu können, müssen die langlebigen Radionuklide weitgehend sortenrein separiert werden. Die bisherige Entwicklung hat allerdings gezeigt,

2.2 Merkmale von Entsorgungsoptionen

dass ein Teil der langlebigen Radionuklide in den bestrahlten Brennelementen aufgrund ihrer chemischen Eigenschaften Probleme bei der Trennung verursacht. Auch bei der kerntechnischen Umwandlung verursachen bestimmte Radionuklide aufgrund kernphysikalischer Prozesse erhebliche Probleme (Neumann und Kreusch 2013). Die gegenwärtige Zielsetzung der Forschung zu P&T wird auf bestimmte Aktinide beschränkt, Spaltprodukte werden nicht mehr betrachtet (Kirchner et al. 2015). Durch diese Entwicklungen ist jedoch auch die Erreichbarkeit der Entlastung des Langzeitsicherheitsnachweises offen bzw. muss dieses Ziel aus den folgenden Gründen stark relativiert werden (Neumann und Kreusch 2013):

- Die radiologischen Auswirkungen von Freisetzungen aus dem verschlossenen End- bzw. Tiefenlager in die Biosphäre werden hauptsächlich durch langlebige Spaltprodukte bestimmt. Da diese durch P&T nicht umgewandelt werden können, ist der Gewinn für die Langzeitsicherheit bei der Endlagerung relativ gering.
- Die verglasten hoch und mittel radioaktiven Wiederaufarbeitungsabfälle und wohl auch Hochtemperatur-Kugelbrennelemente kommen wegen ihrer Zusammensetzung für P&T nicht infrage (Endlagerkommission 2016). Sie müssen mit den in ihnen enthaltenen Mengen von Aktiniden aber ebenfalls endgelagert werden.
- Durch P&T fallen in Targets und Lösungen aus den Abtrennungsprozessen neue langlebige Radionuklide an, deren Radioaktivitätsinventar für den Langzeitsicherheitsnachweis zusätzlich zu berücksichtigen ist.

Die positiven Auswirkungen von P&T auf den Langzeitsicherheitsnachweis, sind also sehr begrenzt. Auch andere angenommene Vorteile von P&T sind fraglich (Neumann und Kreusch 2013):

- Der Gesamtwärmeeintrag in ein End- oder Tiefenlager kann vermutlich gesenkt werden. Die Integrität der geologischen Barrieren und die potenzielle Freisetzung von Radionukliden und sonstigen Schadstoffen aus dem End- oder Tiefenlager wird aber weniger durch den Gesamtwärmeeintrag als vielmehr durch den volumenspezifischen Wärmeeintrag bestimmt. Dieser Wärmeeintrag ändert sich durch P&T nicht wesentlich.
- Der Verringerung des endzulagernden Abfallvolumens durch die Abtrennung des dann wieder verwendbaren Urans stehen zwei Nachteile gegenüber: Erstens ist das Volumen der Abfälle aus der großen Zahl unterschiedlicher Prozesse gegenwärtig nicht abschätzbar. Zweitens erfordert P&T den Betrieb und die spätere Stilllegung einer Vielzahl von kerntechnischen Anlagen.
- Die Proliferationsgefahr für das End- oder Tiefenlager kann durch P&T zwar verringert werden, sie erhöht sich aber dafür während der Durchführung von P&T, weil die Kernbrennstoffe dann für relativ langen Zeiträume in leicht zugänglicher und vor allem auch in reiner Form vorliegen.

Für die Trennung sind komplexere großtechnische Wiederaufarbeitungsanlagen notwendig als die heutigen Anlagen, in denen nur Uran und Plutonium abgetrennt werden. Für die Kernumwandlung der verschiedenen Radionuklide wird ein breites Spektrum an Reaktoren benötigt. Dazu gehören sowohl herkömmliche, aber weiterzuentwickelnde Kernspaltreaktoren mit schnellen Neutronen als auch neu zu entwickelnde beschleunigergesteuerte Reaktoren (Accelerator-Driven-System, ADS), mit denen die erforderlichen schnellen Neutronen erzeugt werden sollen (Renn 2014). Um die Kernumwandlung durchführen zu können, müssen je nach Reaktor Brennelemente und Targets hergestellt werden. Hierfür sind eigene Anlagen erforderlich. Es ist offensichtlich, dass mit P&T eine Strahlenbelastung von Mensch und Umwelt im Normalbetrieb unvermeidlich ist. Mit P&T sind erhebliche Risiken für Störfälle mit Auswirkungen vergleichbar denen einer Kernschmelze, für terroristische Angriffe und kriegerische Einwirkungen verbunden.

Neben der Abwägung der mit P&T möglicherweise zu erreichenden Vorteile gegen die Nachteile sind bei einer Entscheidung über ihre Anwendung in Deutschland auch die nach Strahlenschutzverordnung notwendige Rechtfertigung und die Einhaltung des Minimierungsgebotes in Bezug auf den Gesamtumgang mit den bestrahlten Brennelementen zu prüfen. Außerdem sind nach jetzigem Atomgesetz sowohl die Wiederaufarbeitung, die zur Trennung der Radionuklide erforderlich ist, als auch der Bau von Reaktoren, der zur Umwandlung der Radionuklide erforderlich ist, verboten (AtG 2018). Die Anwendung von P&T in Deutschland ist deshalb nach gegenwärtigem Stand nicht möglich. Das Interesse an P&T in anderen Ländern wie beispielsweise Frankreich und Russland erklärt sich vor allem aus deren Ausgangslage. Es werden großtechnische Wiederaufarbeitungsanlagen für die Abtrennung von Uran und Plutonium betrieben und es sollen neue Reaktortypen entwickelt und betrieben werden. Die Nutzung der Atomenergie ist in diesen Ländern zeitlich nicht begrenzt. Deshalb kann sich die Gewichtung von Aspekten in Bezug auf die Endlagerung in einer Gesamtabwägung zur Nutzung von P&T für diese Länder im Vergleich zu Deutschland unterscheiden.

Aus den dargestellten Gründen lassen sich keine Vorteile für die Entsorgung radioaktiver Abfälle in Deutschland durch die Anwendung von P&T erkennen. Auch die Endlagerkommission wertet: „Von einer Entwicklung der Transmutationstechnologie erwartet die Kommission unter den in Deutschland herrschenden Randbedingungen keinen maßgeblichen Beitrag zur Lösung der Endlagerproblematik" (Endlagerkommission 2016).

Internationale Lösung

In vielen Ländern, vor allem mit kleinen Programmen zur Atomenergienutzung, also weniger Reaktoren und damit weniger Abfällen, wird immer wieder die Nutzung eines Endlagers, das von mehreren Ländern gemeinsam realisiert wird, vorgeschlagen. Ein solcher Ansatz wird zum Beispiel von der Europäischen Kommission und der Internationalen Atomenergieorganisation (IAEA) unterstützt. Auch in der bundesdeutschen Entsorgungsdiskussion taucht der Vorschlag hin und wieder auf. Ende der 1990er Jahre

2.2 Merkmale von Entsorgungsoptionen

nahm diese Diskussion erstmals größeren Raum ein. Dazu gehörten Überlegungen zu einem zentralen Endlager in Sibirien oder in der Südsee (Hirche 1997) und es wurden regionale Endlager für hoch radioaktive Abfälle in Europa diskutiert, die in Staaten mit größerem Atomprogramm errichtet werden sollten. Als einer von fünf Staaten wurde hierfür Deutschland vorgeschlagen (Kühn und Brennecke 1998). Darüber hinaus gab es immer wieder Überlegungen deutscher Politiker zur Endlagerung im Ausland (Dietze 2012). Es wurden auch erste ökonomische Ansätze für eine Internationalisierung der Endlagerung aus deutscher Sicht diskutiert (Hensing 1996).

Eine neue Diskussion wurde dann auf EU-Ebene initiiert, weil in den EU-Mitgliedsländern, mit Ausnahme von Finnland und Schweden, keine wirklichen Fortschritte für die Festlegung des Inbetriebnahmezeitpunktes eines Endlagers zu erkennen waren. Die EU finanzierte bereits 2003 bis 2005 ein Forschungsprogramm zu regionalen Endlagern (Support Action: Pilot Initiative on European Regional Repository, SAPIERR). An ihm beteiligten sich vor allem Länder mit kleinen bis mittleren Atomprogrammen. Auf dessen Grundlage und im Zusammenhang mit der Initiative des damaligen EU-Kommissars Oettinger für eine EU-Richtlinie zum Vorgehen der Mitgliedsstaaten bezüglich Endlagerung, wurden von der EU-Administration regionale Endlager vorgeschlagen (FAZ 2010).

Im Jahr 2009 wurde auf Basis der Ergebnisse von SAPIERR eine Arbeitsgruppe, die ERDO Working Group, gegründet. Daran sind aber nur die Staaten mit geringer oder fehlender Atomenergienutzung Bulgarien, Dänemark, Italien, Litauen, Niederlande, Polen, Österreich, Rumänien, Slowakei, Slowenien sowie Beobachter der Europäischen Kommission und der IAEA beteiligt (ERDO 2018a). Die Arbeitsgruppe wird von der EU-Kommission unterstützt (ERDO 2018b).

Auch über Europa hinaus gab es Diskussionen für multinationale Endlager (McCombie 1997). Bereits 1987 veröffentlichte die OECD/NEA eine Studie zur gemeinsamen Nutzung eines Endlagers durch mehrere Staaten, in der auch die rechtliche und organisatorische Ausgestaltung eines solchen Endlagers behandelt wurde (NEA 1987). Die Studie fand aber lange Zeit keine Beachtung. Ende der 1990er Jahre wurde in Australien ein gemeinsames Projekt britischer, kanadischer und Schweizer Organisationen für ein Endlager initiiert. Dies stieß jedoch auf Widerstand in der dortigen Bevölkerung (Wikipedia 2018). Das Projekt wurde 2002 zunächst aufgegeben. Im Jahr 2016 wurde von der „South Australian Nuclear Fuel Cycle Royal Commission" erneut ein internationales Endlager in Australien vorgeschlagen (WNA 2016).

In der IAEA wurde das Thema kontinuierlich behandelt und 1994 eine Arbeitsgruppe hierzu gegründet (IAEA 1997). In Folge wurde dann ein IAEA-Report erstellt und fortgeschrieben, in dem die für ein internationales Projekt zu berücksichtigenden Aspekte, zum Beispiel Sicherheit und Ethik, betrachtet werden (IAEA 2004). Die IAEA-Aktivitäten bezogen sich allerdings zunächst eher auf eine Kooperation von Staaten mit kleinem Atomprogramm. In der letzten Publikation der IAEA zu diesem Thema (IAEA 2016) wird diese Einschränkung nicht mehr gemacht. Vor dem Hintergrund der Akzeptanzprobleme für Endlager generell und möglicherweise verstärkt bei Aufnahme internationaler Abfälle schlägt die IAEA die Strategie vor, zunächst keine Festlegungen bezüglich eines nationalen oder multinationalen Konzepts vorzunehmen. Es sollte primär eine nationale Strategie entwickelt werden. Erst wenn diese Lösung etabliert ist, sollte entschieden werden, ob eine multinationale Erweiterung möglich ist (IAEA 2016).

In Deutschland hat sich die Bundesregierung spätestens 1999 auf die Endlagerung der radioaktiven Abfälle in Deutschland festgelegt. Unter anderem deshalb wurde der „Arbeitskreis Auswahlverfahren Endlagerstandorte" (AkEnd) mit dem Auftrag eingerichtet, ein Auswahlverfahren zu entwickeln, mit dem der relativ beste Standort für ein Endlager in der Bundesrepublik Deutschland ermittelt werden kann (AkEnd 2002). Das vom AkEnd entwickelte Verfahren wurde 2011 im Rahmen der Diskussion für ein neues Gesetz zur Standortauswahl wieder aufgegriffen. Nach dem schließlich 2017 verabschiedeten Gesetz ist die Endlagerung deutscher radioaktiver Abfälle in Deutschland bindend vorgeschrieben (StandAG 2017 und AtG 2018). Das bedeutet, dass aus heutiger Sicht im Falle einer Kooperation mit anderen Staaten der Standort für ein gemeinsames Endlager mit mehreren Ländern nur in Deutschland liegen könnte. Dem steht aber die bisherige Politik in Deutschland entgegen. Beispielsweise ist im Planfeststellungsbeschluss zum geplanten Endlager für schwach und mittel radioaktive Abfälle Konrad die Begrenzung auf Abfälle deutschen Ursprungs bindend festgelegt (NMU 2002). Aus der Erfahrung mit bisherigen Diskussionen zur Endlagerung wäre für die Aufnahme von radioaktiven Abfällen aus anderen Ländern keine Akzeptanz in der Bevölkerung zu erwarten. Gegenwärtig gibt es in Deutschland keine Anzeichen für eine geplante Internationalisierung der Endlagerung.

Literatur

AkEnd – Arbeitskreis Auswahlverfahren Endlagerstandorte (2002): Auswahlverfahren für Endlagerstandorte. Empfehlungen des AkEnd. Dezember 2002, Köln.

Appel, D., Kreusch, J., Neumann, W. (2015): Darstellung von Entsorgungsoptionen, ENTRIA-Arbeitsbericht 01. Hannover. ISSN Print: 2367-3532. ISSN Online: 2367-3540.

AtG – Atomgesetz (2018): Atomgesetz in der Fassung der Bekanntmachung vom 15. Juli 1985 (BGBl. I S. 1565), zuletzt durch Artikel 1 des Gesetzes vom 10. Juli 2018 (BGBl. I S. 1122) geändert, Stand: Neugefasst durch Bek. v. 15.7.1985 I 1565; zuletzt geändert durch Art. 2 Abs. 2 G v. 20.7.2017 I 2808.

Bates, E.A., Driscoll, M.J., Lester, R.K., Arnold, B.W. (2014): Can deep boreholes solve America's nuclear waste problem? Energy Policy, Bd. 72, S. 186–189.

Chapman, N. (2013): Deep borehole disposal of spent fuel and other radioactive wastes. Nautilus Peace and Security Network. Special Report. July 2013, Berkeley, CA.

DAEF – Deutsche Arbeitsgemeinschaft Endlagerforschung (2015): DAEF Kurzstellungnahme zur Idee der «Endlagerung wärmeentwickelnder radioaktiver Abfälle und ausgedienter Brennelemente in bis zu 5000 m tiefen vertikalen Bohrlöchern von über Tage», Hrsg.: Deutsche Arbeitsgemeinschaft Endlagerforschung. Karlsruhe.

Dietze, W. (2012): Internationale Endlagerung radioaktiver Abfälle – Eine völker- und europarechtliche Untersuchung unter besonderer Berücksichtigung der regionalen Endlagerung in Europa. Dissertation Humboldt Universität zu Berlin, erschienen in der Schriftenreihe des Energie Forschungszentrum Niedersachsen. Cuvillier-Verlag, Göttingen.

Literatur

Endlagerkommission (2016): Verantwortung für die Zukunft – Ein faires und transparentes Verfahren für die Auswahl eines nationalen Endlagerstandortes. Abschlussbericht. Kommission Lagerung hoch radioaktiver Abfallstoffe gemäß § 3 Standortauswahlgesetz, K-Drs. 268, 18.7.2016.

ERDO – European Repository Development Organisation Working Group (2018a): Gemeinsam die Entsorgung von radioaktivem Abfall in Europa lösen. http://www.erdo-wg.com/documents/ERDO%20leaflet%20D.pdf. (Abgerufen am 3.3.2018).

ERDO (2018b): Working on a shared solution for radioactive waste. http://www.erdo-wg.com/. (Abgerufen am 3.3.2018).

FAZ – Frankfurter Allgemeine Zeitung (2010): Europäische Endlager. Autor: Kafsack, H. https://www.faz.net/aktuell/wirtschaft/atommuell-europaeische-endlager-11068328.html. Version vom 3.11.2010. (Abgerufen am 1.2.2019).

Gibb, F.G.F., Beswick, A.J., Travis, K.P (2014): Deep borehole disposal of nuclear waste, Engineering challenges. Proceedings of the ICE – Energy, Bd. 167, Nr. 2, S. 47–66.

GRS – Gesellschaft für Anlagen- und Reaktorsicherheit gGmbH (2016): Tiefe Bohrlöcher. Bericht GRS – 423, Autoren: Bracke, G. et al., 318 S. Im Auftrag der AG 3 der Kommission Lagerung hochradioaktiver Abfallstoffe unter der Auftragsnummer 565000. Februar 2016, Köln.

Hensing, I. (1996): Ansätze einer internationalen Entsorgung hochradioaktiver Abfälle – Eine ökonomische Analyse aus deutscher Sicht. Schriften des Energiewirtschaftlichen Instituts an der Universität Köln, ISBN 3-486-26209-2, Oldenbourg Verlag, München.

Hirche, W. (1997): Internationale Endlagerlösungen: Ausweg oder Irrweg? Forum im Pressehaus, Informationskreis Kernenergie, Veranstaltung am 19.2.1997.

IAEA – International Atomic Energy Agency (1997): Zitiert in: Nuclear Fuel. 16 June 1997.

IAEA (2004): Developing multinational radioactive waste repositories: Infrastructural framework and scenarios of cooperation, IAEA-TECDOC 1413, Wien.

IAEA (2016): Framework and challenges for initiating multinational cooperation for the development of a radioactive waste repository. IAEA Nuclear Energy Series, No. NW-T-1.5, Wien.

Kirchner, G., Englert, M., Pistner, C., Kallenbach-Herbert, B. und Neles, J. (2015): Gutachten Transmutation. Zentrum für Naturwissenschaft und Friedensforschung (ZNF) Universität Hamburg und Öko-Institut e.V. Büro Darmstadt, erstellt im Auftrag der Kommission Lagerung hoch radioaktiver Abfallstoffe. 8.12.2015, Hamburg/Darmstadt.

Kühn, K., Brennecke, P. (1998): Internationale Endlager für radioaktive Abfälle – eine realisierbare Möglichkeit? Jahrestagung Kerntechnik, München, 26.-28.5.1998.

McCombie, C. (1997): Multinational repositories – will their time come? Nuclear Engineering International Vol. 42 No 516, July 1997.

NEA (1987): International approaches on the use of radioactive waste disposal facilities. Preliminary study of the Radioactive Waste Management Committee (RWMC). Paris.

Neumann, W., Kreusch, J. (2013): Ersteinschätzung des Ökotoxizitätspotentials von P&T, erstellt im Rahmen der acatech STUDIE «Partitionierung und Transmutation» vom Dezember 2013, intac GmbH. März 2013, Hannover.

NMU – Niedersächsisches Umweltministerium (2002): Planfeststellungsbeschluss für das Endlager Konrad, Az.: 41-40326/3/10, Hannover, 22.5.2002.

NWTRB – U.S. Nuclear Waste Technical Review Board (2016): Technical evaluation of the U.S. Department of Energy Deep Borehole Disposal Research and Development Program. A Report to the U.S. Congress and the Secretary of Energy. 27.1.2016, Arlington VA.

POSIVA (2018): Final disposal. http://www.posiva.fi/en/final_disposal#.W5jnIvmYTAV. (Abgerufen am 12.9.2018).

Renn, O. (2014, Hrsg.): Partitionierung und Transmutation. Forschung – Entwicklung – Gesellschaftliche Implikationen, acatech STUDIE. Herbert Utz Verlag, München.

Schilling (2015): Kurze Zusammenstellung der Ergebnisse des Workshops «Deep Borehole Repository Using Multiple Geological Barriers», 5.-6.6.2015 Berlin – Schönefeld, Hrsg.: Kommission Lagerung hochradioaktiver Abfallstoffe gemäß § 3 Standortauswahlgesetz, K-Drs./AG3-27.

StandAG (2017): Gesetz zur Suche und Auswahl eines Standortes für ein Endlager für hochradioaktive Abfälle (Standortauswahlgesetz – StandAG) vom 5. Mai 2017 (BGBl. I 2017, Nr.26, S. 1074), zuletzt geändert durch Artikel 2 des Gesetzes vom 20.Juli 2017 (BGBl. I 2017, Nr. 52, S. 2808).

WIKIPEDIA 2018: Pangea Resources. https://en.wikipedia.org/wiki/Pangea_Resources. (Abgerufen am 12.9.2018).

WNA – World Nuclear Association (2016): International Nuclear Waste Disposal Concepts. http://www.world-nuclear.org/information-library/nuclear-fuel-cycle/nuclear-wastes/international-nuclear-waste-disposal-concepts.aspx. (Abgerufen am 12.9.2018).

Internationale Erfahrungen 3

Die folgende Darstellung der Erfahrungen, die in vier ausgewählten Ländern auf dem Weg zur Entsorgung hoch radioaktiver Abfälle gemacht worden sind, soll zeigen, wie verschieden die gewählten Ansätze sind, wie manch früher Ansatz gescheitert ist und welche Lehren daraus gezogen wurden.

Die Länder Deutschland, Schweiz, Niederlande und Schweden wurden ausgewählt, weil sie die drei in diesem Buch behandelten Entsorgungsoptionen abdecken. In Deutschland und Schweden soll das Endlager nach Beendigung der Einlagerung möglichst schnell verschlossen werden. Die Möglichkeit der Rückholung ist in Deutschland auf die Betriebsphase beschränkt, während in Schweden ganz auf Rückholbarkeit verzichtet wird. In der Schweiz wurde ein spezielles Tiefenlagerkonzept entwickelt, das Monitoring und Rückholbarkeit der Abfälle über einen noch nicht festgelegten Zeitraum ermöglichen soll. Reversibilität des Handelns ist in den Niederlanden von großer Bedeutung. Dem entspricht das niederländische Entsorgungskonzept der Oberflächenlagerung, die vorerst die Abfälle für einen langen Zeitraum aufnimmt und zukünftige Handlungsoptionen offenlässt. Eine dieser Handlungsoptionen ist die derzeit vorgesehene Endlagerung zu einem späteren Zeitpunkt, eine andere Möglichkeit die Beteiligung an einem internationalen Tiefenlager, das mehrere Staaten mit kleinen Abfallvolumina gemeinsam betreiben.

Insgesamt ist festzustellen, dass in den exemplarisch betrachteten vier Ländern – und in vielen anderen Ländern ebenfalls – immer wieder Diskussionen über die richtige Art der Entsorgung geführt worden sind. Diese Diskussionen haben zu unterschiedlichen Entsorgungskonzepten geführt. Ausschlaggebend dafür waren unter anderem sicherheitliche, gesellschaftliche, wissenschaftliche und ökonomische Gründe.

Die Diskussionen über den richtigen Entsorgungspfad sind bis heute nicht beendet, und es wäre nach den bisherigen Erfahrungen verwunderlich, wenn sich in den nächsten Jahrzehnten nicht weitere Modifizierungen oder gar grundlegende Änderungen der

Entsorgungspfade ergeben würden. Insofern können die skizzierten Erfahrungen in den vier ausgewählten Ländern nur als Momentaufnahme betrachtet werden. Änderungen und Modifizierungen der Entsorgungspfade führten häufig zu erheblichen Verzögerungen in der Umsetzung der Entsorgung und ihrer Neujustierung.

Nicht zuletzt vor diesem Hintergrund werden in diesem Buch methodische Ansätze zur vergleichenden Bewertung der Sicherheit von Entsorgungsoptionen und -pfaden dargelegt. Sie sollen einen Beitrag zur Beurteilung aus interdisziplinärer Sicht leisten.

3.1 Deutschland

Einige Grundlagen des deutschen Entsorgungspfades wurden schon früh entwickelt und gehen auf die Zeit Ende der 1950er/Anfang der 1960er Jahre zurück (Details dazu siehe Möller 2009). 1959 wurde von der damaligen Bundesanstalt für Bodenforschung (BfB; heute Bundesanstalt für Geowissenschaften und Rohstoffe – BGR) die Lagerung radioaktiver Abfälle in tiefen geologischen Formationen empfohlen (Wagner und Richter 1960), und Anfang der 1960er Jahre äußerte sich der damalige Präsident der BfB in einem Gutachten positiv zur Endlagerung der Abfälle in einem Salzbergwerk (Martini 1963). Dies ebnete den Weg zur Konzentration auf Salz als Wirtsgestein. Die Absicht, alle Arten von radioaktiven Abfällen in tiefen geologischen Formationen endzulagern und auf oberflächennahe Endlager zu verzichten, wurde vor allem mit der hohen Bevölkerungsdichte in Deutschland und der intensiven Land- und Wassernutzung begründet (Schwiebach 1967).

Ein weiterer zentraler Baustein des Entsorgungspfades wurde 1976 die Wiederaufarbeitung bestrahlter Brennelemente aus den Kernkraftwerken, indem sie als „schadlose Verwertung" bestrahlter Brennelemente im Atomgesetz als „Regel-Entsorgungspfad" festgelegt wurde (Bundesregierung 1977, Anlage 1).

Zur Realisierung der Entsorgungsoption war ein Nukleares Entsorgungszentrum (NEZ) vorgesehen. Das NEZ sollte alle zur geordneten Entsorgung bestrahlter Brennelemente und sonstiger radioaktiver Abfälle notwendigen Anlagen (vor allem Wiederaufarbeitung, Brennstoffverarbeitung, Konditionierung radioaktiver Abfälle, Zwischen- und Endlagerung) an einem Standort zusammenfassen. Durch die schon früh erfolgte Festlegung auf das Endlagergestein Steinsalz musste für das NEZ ein Standort im Bereich eines Salzstocks gefunden werden. Im Februar 1977 benannte die niedersächsische Landesregierung den Salzstock von Gorleben als Endlagerstandort, obwohl eine vorher durchgeführte Standortsuche drei andere Salzstöcke bevorzugt hatte. Damit lag dann auch der Standort für alle sonstigen Anlagen des NEZ fest.

Dagegen erhob sich zunehmender Widerstand in der Bevölkerung. Als Experten dann auch noch auf die Gefahr katastrophaler Unfälle beim NEZ hinwiesen, stellte der damalige niedersächsische Ministerpräsident Albrecht nach einem in Hannover durchgeführten Internationalen Hearing angesichts der bevorstehenden Landtagswahl in seiner Regierungserklärung am 16. Mai 1979 fest, dass die Wiederaufarbeitung und damit das Kernstück des NEZ derzeit politisch nicht durchsetzbar sei. Damit war das NEZ gegenstandslos. Am Standort Gorleben verblieben ein zentrales Zwischenlager für hoch radioaktive Abfälle, ein zentrales Zwischenlager für mittel und schwach radioaktive Abfälle, eine bisher nicht in Betrieb gegangene Pilotkonditionierungsanlage sowie der Endlagerstandort. Trotz des erbitterten Widerstandes der Bevölkerung gegen das Endlager Gorleben wurde bis 2013 daran festgehalten. Mit Verabschiedung des Standortauswahlgesetzes (StandAG 2013) wurden die Erkundungsarbeiten eingestellt. Der Standort Gorleben soll im Standortauswahlverfahren wie jeder andere mögliche Standort in Deutschland behandelt werden.

In Folge der Aufgabe des NEZ 1979 wurde die Atomenergiepolitik von Bund und Ländern neu ausgerichtet. Die Fertigung von Brennelementen, aber auch die Zwischenlagerung, Wiederaufarbeitung, Abfallbehandlung und Endlagerung sollten an verschiedenen Orten erfolgen. Der Aspekt der Verteilung der Entsorgung auf mehrere Standorte oder „Dezentralisierung" war somit neuartig, inhaltlich hielt man jedoch an der Wiederaufarbeitung und der Idee eines Kernbrennstoffkreislaufs fest (Schlacke et al. o. D.).

Ab 1982 wurde unter erheblichem Widerstand der Bevölkerung versucht, die Wiederaufarbeitungsanlage in Wackersdorf (Bayern) zu errichten. Im Mai 1989 stellten die Energieversorgungsunternehmen die Arbeiten jedoch ein und es wurde beschlossen, die bestrahlten Brennelemente aus Deutschland, wie schon bis dahin, weiterhin in den Wiederaufarbeitungsanlagen La Hague (Frankreich) und Sellafield (Großbritannien) aufarbeiten zu lassen.

Im Jahr 1994 wurde die direkte Endlagerung bestrahlter Brennelemente neben der Wiederaufarbeitung als zusätzlicher gleichwertiger Entsorgungsweg gesetzlich anerkannt (Artikelgesetz 1994). Schließlich wurde von der Bundesregierung mit einer 2002 in Kraft getretenen Novellierung des Atomgesetzes der Neubau von kommerziellen Kernkraftwerken verboten und die Regellaufzeit der in Betrieb befindlichen Atomkraftwerke auf durchschnittlich 32 Jahre seit Inbetriebnahme befristet (AtG 2002). Zudem wurde die Entsorgung bestrahlter Brennelemente auf die direkte Endlagerung beschränkt, das heißt, die Abgabe bestrahlter Brennelemente aus Kernkraftwerken an die Wiederaufarbeitungsanlagen in La Hague und Sellafield ist seit dem 1. Juli 2005 verboten. Zusätzlich wurden die Betreiber der Kernkraftwerke verpflichtet, an den Kernkraftwerksstandorten Zwischenlager für bestrahlte Brennelemente zu errichten und zu nutzen.

Im Jahr 2010 wurde der vereinbarte Atomausstieg zurückgenommen („Ausstieg aus dem Ausstieg"). Der Deutsche Bundestag beschloss am 28. Oktober 2010, dass die Betriebszeiten der vor 1980 gebauten sieben Anlagen um acht Jahre verlängert und die der zehn übrigen Reaktoren um 14 Jahre verlängert werden. Dieser Beschluss wurde 2011 infolge der Reaktorkatastrophe von Fukushima obsolet und durch den erneuten Atomausstieg revidiert. Demnach muss der letzte Reaktor am 31.12.2022 abgeschaltet werden.

Mit dem Ausstieg aus der Atomenergienutzung eng verknüpft ist das Standortauswahlgesetz von 2013 (StandAG 2013), mit dem ein Auswahlverfahren für ein Endlager für hoch radioaktive Abfälle und bestrahlte Brennelemente initiiert wurde. Die Voraussetzungen dafür wurden von der Endlagerkommission geschaffen. Sie erarbeitete zwischen 2014 und 2016 auf Grundlage von Vorarbeiten des „Arbeitskreises Auswahlverfahren Endlagerstandorte" (AkEnd 2002) ein Verfahren, das zur Identifizierung des „bestmöglichen Standortes" führen soll (Endlagerkommission 2016). In einer Fortschreibung des StandAG (2013) wurden im StandAG (2017) Ergebnisse der Endlagerkommission, insbesondere die Auswahlkriterien und die Bürgerbeteiligung, sowie eine Neuregelung der Zuständigkeiten für die Endlagerung festgelegt. Damit sind die Grundlagen für eine Neuordnung des deutschen Entsorgungskonzeptes gegeben.

Im Frühjahr 2018 hat das Auswahlverfahren mit Phase 1 begonnen. Bisher wurde vor allem eine Sichtung von geologischen Daten angegangen und das Nationale Begleitgremium nahm seine Arbeit auf. Laut StandAG (2017) soll der Endlagerstandort bis 2031 festgelegt sein und das Endlager soll nach dem Nationalen Entsorgungsprogramm der Bundesregierung 2050 in Betrieb gehen (BMUB 2015). Mit Erteilung der ersten Teilgenehmigung für das Endlager soll an dessen Standort auch ein Eingangslager für die hoch radioaktiven Abfälle genehmigt werden (BMUB 2015). Es gibt jedoch grundsätzliche Zweifel an der Einhaltung der zeitlichen Vorgabe. Die Prognosen reichen bis zu einer Standortfestlegung etwa 2058 und einer Inbetriebnahme nach 2080 (Thomauske 2016).

Bis die hoch radioaktiven Abfälle in das Endlager eingelagert werden können, müssen sie in Transport- und Lagerbehältern trocken zwischengelagert werden. Dafür sind die gegenwärtigen Genehmigungen in Deutschland für alle Standorte und Behälter auf 40 Jahre begrenzt. Der erste genehmigte Zwischenlagerungszeitraum endet in Gorleben 2034 und der letzte in Gundremmingen 2046.

Aufgrund bisheriger Erfahrungen mit Genehmigungsverfahren und den genannten Zweifeln bezüglich des Zeitrahmens zur Standortsuche ist die Schlussfolgerung nahe liegend, dass sicher bis 2034 (Auslaufen der Genehmigung für das Zwischenlager in Gorleben) und wahrscheinlich weit darüber hinaus die Inbetriebnahme eines Eingangslagers für ein Endlager nicht möglich sein wird. Daraus ergibt sich, dass neue Zwischenlagergenehmigungen erforderlich sind. Sollten die zeitlichen Vorgaben der Bundesregierung wider Erwarten eingehalten werden können, sind trotzdem mindestens für einen größeren Teil der gegenwärtig in Betrieb befindlichen 16 Zwischenlager neue Genehmigungen notwendig. Sollte sich der Zeitplan nur um einige Jahre verzögern, gilt das für alle Zwischenlager. Deshalb sollte der bundesweite gesellschaftliche Diskurs über die Genehmigungen der Zwischenlager unter Beteiligung des Nationalen Begleitgremiums, von Regierungen sowie Politikern aller Ebenen intensiv fortgeführt werden, damit dieses Problem rechtzeitig gelöst werden kann.

In Deutschland konzentrierte sich die Endlagerung seit Beginn der 1960er Jahre auf das Wirtsgestein Steinsalz. Begründet wurde dies mit den langjährigen Erfahrungen, die man mit Salzbergwerken in Deutschland gemacht hatte und mit der selektiven Übertragbarkeit einzelner positiver Merkmale (zum Beispiel der praktisch fehlenden Durchlässigkeit von Salz und seinem plastisches Verhalten – „Selbstheilungskräfte") auf die Endlagerung. Weiter zugespitzt wurde die Situation durch die Beschränkung auf den

Salzstock in Gorleben, der als einziger auf seine Eignung untersucht wurde. Lediglich beim geplanten Endlager Konrad für gering und mittel radioaktive Abfälle bildet eisenerzhaltiger Kalkstein das Wirtsgestein, die eigentliche Barriere wird hier von überdeckenden mächtigen Tonsteinen gebildet. Mit den beiden anderen Endlagerbergwerken für schwach und mittel radioaktive Abfälle in Salzstöcken an den Standorten Morsleben und Asse wurden schlechte Erfahrungen gemacht. Beide weisen durch die vormalige Salzgewinnung für die Endlagerung sehr ungünstige Merkmale auf, zum Beispiel hoher Durchbauungsgrad, ungenügende Tragfähigkeit der Hohlräume, Wasserzutritt aus dem Deckgebirge. Daraus resultieren für beide Standorte große Probleme für die Langzeitsicherheit. Die uneingeschränkte Konzentration auf Salz als Endlagermedium hat sich damit insbesondere in Bezug auf das Vertrauen der Bevölkerung in die Endlagerung, aber auch für die Möglichkeit, einen möglichst guten Standort für die tiefengeologische Lagerung zu finden, als nachteilig erwiesen. Diese Erfahrungen und der endgültige Ausstieg aus der Atomenergienutzung im Jahr 2011 haben neue Perspektiven eröffnet.

Mit dem in den Jahren 2011 bis 2017 entwickelten Standortauswahlgesetz (StandAG) wurde die Konzentration auf Steinsalz für die Lagerung hoch radioaktiver Abfälle aufgegeben, und es werden nun auch andere Wirtsgesteine (Tonstein, Kristallin) betrachtet. Durch die Berücksichtigung aller Wirtsgesteinstypen sind eine breite Auswahl an potenziellen Standorten und ein fairer Umgang mit allen Regionen in Deutschland möglich. Im StandAG (2017) wurde auch eine für deutsche Verhältnisse umfangreiche Bürgerbeteiligung für die Umsetzung des Endlagerauswahlverfahrens verankert. Diskussionen über und Forderungen nach Rückholbarkeit haben seit der Festlegung des Endlagerstandortes Gorleben im Jahr 1977 und der damit zusammenhängenden wissenschaftlichen und gesellschaftlichen Auseinandersetzungen immer wieder stattgefunden (zum Beispiel IGM/ÖTV 1980). Sie haben allerdings nicht die gesellschaftliche Breite und Kraft entwickelt, um zu einer entsprechenden Konzeptänderung für Gorleben durch die für die Endlagerung zuständigen Behörden zu führen. Diese beharrten auf der klassischen Endlagerung, da sie in der Rückholbarkeit weder einen Sicherheitsgewinn noch sonstige Vorteile sahen. Folglich enthielten die 1983 eingeführten Endlagerkriterien (RSK 1983) keinerlei Hinweise auf eine Rückholbarkeit. Diese Position wurde auch im folgenden Vierteljahrhundert prinzipiell beibehalten (zum Beispiel Kleemann 2005). Allerdings befürworten die Reaktor-Sicherheitskommission (RSK) und die Strahlenschutzkommission (SSK), die das Bundesumweltministerium beraten, in einer gemeinsamen Stellungnahme (RSK und SSK 2002) entsprechende Kontrollmöglichkeiten, insbesondere bei hoch radioaktiven Abfällen und bestrahlten Brennelementen, während der Betriebsphase. Eine Auslegung des Endlagers zur Rückholbarkeit der Abfälle nach der Betriebsphase wird jedoch nicht empfohlen.

Erst mit den Sicherheitskriterien (BMU 2010), die die Endlagerkriterien von 1983 ersetzten, wurde die Rückholbarkeit als Anforderung festgelegt. Danach muss in der Betriebsphase bis zum Verschluss der Schächte oder Rampen eine Rückholung der Abfallbehälter möglich sein. Zudem dürfen Maßnahmen zur Sicherstellung der Rückholbarkeit passive Sicherheitsbarrieren und damit die Langzeitsicherheit nicht beeinträchtigen. Über diese beiden Anforderungen hinausgehende Hinweise auf die Umsetzung der Rückholbarkeit oder das zugehörige Monitoring sind in den Sicherheitsanforderungen nicht enthalten.

Schließlich wurde im StandAG (2017) für die derzeit laufende Standortauswahl festgelegt, dass „die Möglichkeit einer Rückholbarkeit für die Dauer der Betriebsphase des Endlagers…" vorzusehen ist (StandAG, § 1 (4)). Was diese Forderung für die Durchführung der Standortauswahl konkret bedeuten kann, lässt das StandAG (2017) offen.

Die Beschränkung der Rückholbarkeit auf die Betriebsphase ist damit begründet, dass die Abfälle möglichst zügig durch vollständigen Verschluss des Bergwerkes weitgehend von der Biosphäre isoliert werden sollen. Voraussetzung für eine Entscheidung zur Rückholung von Abfällen während der Betriebsphase ist eine negative Entwicklung während der Einlagerung oder durch die Einlagerung im Endlagerbergwerk (Behälter, Versatz, umgebendes Gestein). Deshalb müssen hierfür relevante Daten durch ein rückholungsspezifisches Monitoring erhoben werden. Welche Daten das sind und wie sie ermittelt werden sollen, bedarf noch der Forschung und Entwicklung.

Ein spezifisch deutscher Aspekt ist die in BMU (2010) und StandAG (2017) geforderte Möglichkeit der Bergung der Abfallbehälter für einen Zeitraum von 500 Jahren nach dem Verschluss des Endlagers. Diese Bergung wird in StandAG (2017) als „ungeplantes Herausholen von radioaktiven Abfällen aus einem Endlager" definiert. Aufgrund welcher Kriterien und wie dies bewerkstelligt werden soll, wird sowohl in BMU (2010) als auch in StandAG (2017) nicht erläutert.

Nach rund sechzig Jahren zeigen sich in Deutschland auf dem Feld der Entsorgung radioaktiver Abfälle also einige durchgängige Elemente. Darunter fällt die Lagerung aller radioaktiven Abfälle in einem Bergwerk in tiefen geologischen Formationen, mit der die langfristige passive Sicherheit des Endlagers erreicht werden soll. Ein durchgängiger Aspekt in negativer Hinsicht besteht in der großen zeitlichen Verzögerung von Entscheidungen zu wesentlichen Entsorgungsbausteinen. Das betrifft insbesondere die Endlagerplanungen und die Aufgabe der Wiederaufarbeitung. Ebenfalls sehr langlebig zeigte sich das Festhalten an dem Wirtsgestein Steinsalz und dem Standort Gorleben. Eine ähnlich negative Entwicklung zeichnet sich zurzeit in Bezug auf die Zwischenlagerung der hoch radioaktiven Abfälle ab. Auf der politischen Ebene sind derzeit keine realistischen Lösungen für die Lücke zwischen Ablauf der gegenwärtigen Zwischenlagergenehmigungen und Inbetriebnahme eines Eingangslagers am Endlagerstandort zu erkennen.

Insgesamt bleibt festzustellen, dass das deutsche Entsorgungskonzept im Zeitverlauf pragmatische Anpassungen und „Kurswechsel" durch die für die Entsorgung zuständigen Institutionen erfahren hat. Ein Beispiel ist die Aufgabe des NEZ und später der Wiederaufarbeitung bis hin zum Ausstieg aus der Atomenergienutzung und dem Beginn eines Standortauswahlverfahrens unter Einbeziehung der Bevölkerung. Näheres dazu ist Appel et al. (2015) zu entnehmen (siehe dort Anhang, Datenblatt kpV).

Ungeachtet der vorstehenden Entwicklungen bestehen immer noch Unklarheiten in Deutschland über die Endlagerung bestimmter Abfallarten, insbesondere eines Teils der nicht stark wärmeentwickelnden Abfälle. Ein geschlossenes Entsorgungskonzept für alle Arten von radioaktiven Abfällen existiert deshalb in Deutschland derzeit nicht.

3.2 Schweiz

In der Schweiz sind die Verursacher radioaktiver Abfälle für deren sichere Entsorgung zuständig. Um diese Aufgabe gemeinsam anzugehen, gründeten die Kernkraftwerksbetreiber und der Bund 1972 die Nationale Genossenschaft für die Lagerung radioaktiver Abfälle (Nagra). Als Bedingung für den Weiterbetrieb der Kernkraftwerke forderte der Bundesbeschluss zum Atomgesetz aus dem Jahr 1978, dass bis zum 31.12.1985 ein Projekt vorliegen müsse, das Gewähr für die sichere Entsorgung der Abfälle biete. Dieser Entsorgungsnachweis wurde von der Nagra angegangen mit dem Ziel, die Möglichkeit der sicheren Entsorgung hoch radioaktiver Abfälle nachzuweisen.

Im Januar 1985 legte die Nagra die geforderten Berichte vor (Nagra 1985). Darin wurde vorgeschlagen, die hoch radioaktiven Abfälle im kristallinen Grundgebirge der Nordschweiz endzulagern. Nach einer Überprüfung durch die zuständigen Sicherheitsbehörden des Bundes kamen diese zum Schluss, dass der aus drei Teilen bestehende Sicherheitsnachweis nicht voll erfüllt werde, da der erforderliche Standortnachweis nicht erbracht worden sei (HSK 1986). Der Bundesrat beschloss daraufhin im Jahr 1988, dass die Nagra ihre Forschungsarbeiten für die Endlagerung hoch radioaktiver Abfälle auch auf Sedimentgesteine auszudehnen habe.

In den folgenden Jahren führte die Nagra Untersuchungen am jurazeitlichen Opalinuston durch (Projekt Opalinuston) und 2002 reichte sie den geforderten Entsorgungsnachweis für hoch radioaktive Abfälle für einen Standort im Zürcher Weinland ein. Dieser Entsorgungsnachweis wurde durch die Aufsichtsbehörden geprüft und positiv bewertet. Nachdem auch der Bundesrat 2006 dem Entsorgungsnachweis zugestimmt hatte, war ein wichtiger Meilenstein der Entsorgung erreicht.

Parallel dazu wurde 1999 vom zuständigen Departement die „Expertengruppe Entsorgungskonzepte für radioaktive Abfälle" (EKRA) ins Leben gerufen. Sie sollte verschiedene Entsorgungskonzepte miteinander vergleichen. In ihrem Abschlussbericht stellte die EKRA (2000) das Konzept des „kontrollierten geologischen Langzeitlagers" vor, das die Überwachung und Rückholbarkeit der Abfälle mit der Möglichkeit einer passiv-sicheren Endlagerung verbindet. Dieses Konzept wurde 2003 unter dem Namen „geologische Tiefenlagerung" in der neuen Kernenergiegesetzgebung der Schweiz verankert.

Das geplante geologische Tiefenlager soll gemäß Kernenergieverordnung aus Testbereichen, Pilotlager und Hauptlager bestehen. Die Testbereiche werden als erste errichtet und als Untertagelabor betrieben. Das Pilotlager dient dazu, für einen kleinen repräsentativen Teil des Gesamtinventars die im Rahmen des Langzeitsicherheitsnachweises getroffenen Modellannahmen zu überprüfen und im günstigen Fall zu bestätigen. Die Erkenntnisse aus dem Pilotlager sollen die Grundlage für die Entscheidung bilden, das Lager endgültig zu verschließen, weiter zu überwachen oder Abfälle zurückzuholen. Das Pilotlager wird am längsten betrieben. Das Hauptlager nimmt den überwiegenden Anteil der Abfälle auf. Es wird so ausgelegt, dass die Rückholung der Abfälle bis zum Verschluss des Tiefenlagers ohne großen Aufwand möglich ist.

2003 trat das Kernenergiegesetz und 2004 die Kernenergieverordnung in Kraft, die bis heute für die Entsorgung radioaktiver Abfälle maßgeblich sind. Das Kernenergiegesetz ersetzte das Atomgesetz von 1959 und erweiterte die Gesetzgebung um neue Vorgaben. So müssen die in der Schweiz anfallenden radioaktiven Abfälle seither grundsätzlich im Inland entsorgt werden.

2005 beschloss das Parlament ein zehnjähriges Moratorium für die Ausfuhr bestrahlter Brennelemente zur Wiederaufarbeitung. Dieses Moratorium wurde 2016 bis zum Jahr 2020 verlängert. Im Rahmen der Energiestrategie 2050 wurde die Wiederaufbereitung bestrahlter Brennelemente definitiv verboten und dieses Verbot im Kernenergiegesetz verankert. Bestrahlte Brennelemente müssen damit als radioaktive Abfälle entsorgt werden.

Nicht zuletzt aufgrund negativer Erfahrungen mit dem ursprünglich geplanten Endlager für schwach und mittel radioaktive Abfälle am Standort Wellenberg beschlossen die verantwortlichen Behörden in der Schweiz, dass die Festlegung der Standorte von geologischen Tiefenlagern im Rahmen eines „Sachplans geologische Tiefenlager" nach Raumplanungsgesetz erfolgen solle. Das Konzept dieses Sachplans wurde 2008 vom Bundesrat genehmigt. Im Sachplan geologische Tiefenlager sind die Ziele, das Verfahren und die Kriterien festgelegt, nach denen die Standortauswahl für das Tiefenlager ablaufen soll. Das im Sachplan beschriebene Verfahren soll eine faire und partizipative Beteiligung der Öffentlichkeit ermöglichen. Der Sachplan geologische Tiefenlager (BFE 2011) umfasst drei Etappen:

- Etappe 1: Identifizierung geologisch geeigneter Standortgebiete.
- Etappe 2: Vergleichende Bewertung von Standortgebieten und Identifizierung relativ bester Gebiete. Dabei müssen für hoch radioaktive Abfälle und für schwach und mittel radioaktive Abfälle jeweils mindestens zwei Standortgebiete vorgeschlagen werden.
- Etappe 3: Vorschlag konkreter Tiefenlagerstandorte für hoch radioaktive sowie für schwach und mittel radioaktive Abfälle aufgrund einer vertieften Untersuchung der vorgeschlagenen Standortgebiete.

Etappe 1 dauerte von 2008 bis 2011. Ende 2018 wurde Etappe 2 abgeschlossen. Der Bundesrat entschied, dass drei der in Etappe 2 ausgewählten Standortgebiete in Etappe 3 weiter untersucht werden sollen. Etappe 3 wird voraussichtlich bis zum Jahr 2030 dauern. In dieser Zeit wird innerhalb der drei verbleibenden Standortgebiete ein Tiefenlagerstandort für alle Abfallarten identifiziert („Kombilager"), oder es werden zwei getrennte Lagerstandorte für hoch radioaktive bzw. schwach und mittel radioaktive Abfälle benannt. Für die Lagerstandorte werden Rahmbewilligungsgesuche, also Gesuche um eine Genehmigung des Standorts und der Grundzüge der Anlage, gestellt. Der Entscheid des Bundesrats zur Rahmenbewilligung muss von der Bundesversammlung genehmigt werden. Im Rahmen eines fakultativen Referendums können die Schweizer Stimmbürger und Stimmbürgerinnen über die Rahmenbewilligung abstimmen. Nur wenn sich die Stimmberechtigten in der Schweiz nicht gegen die Rahmenbewilligungen aussprechen, stehen die Standorte für die bzw. das geologische(n) Tiefenlager fest.

Insgesamt ist festzustellen, dass das ursprüngliche schweizerische Entsorgungskonzept aus den 1970er Jahren ab Ende der 1990er Jahre einen deutlichen Wandel erfahren hat. Aus früheren Misserfolgen, vor allem beim Projekt Gewähr und am Standort Wellenberg, sind zwei erfolgversprechende Schlussfolgerungen gezogen worden:

- Die Entsorgungsoption „Endlagerung" wurde durch die Option „geologische Tiefenlagerung" ersetzt, die eine längere Überwachung des Lagers und Rückholbarkeit der Abfälle vorsieht.
- Das Standortauswahlverfahren wurde neu gestartet und dabei auf ein etabliertes Instrument aus der Raumplanung, das Sachplanverfahren, zurückgegriffen. Der Konzeptteil des „Sachplans geologische Tiefenlager" gliedert das Verfahren zur Auswahl von Tiefenlagerstandorten in klare Schritte und enthält gut definierte Anforderungen an die Bewertung der Sicherheit, zum Beispiel Kriterien. Zudem regelt er die Verantwortlichkeit und die Kompetenzen aller Beteiligten. Er sieht Formen der Bürgerbeteiligung auf verschiedenen Ebenen und politische Entscheidungen bei wichtigen Meilensteinen im Verfahren vor.

Aus der Frühphase der Entsorgung wurden in der Schweiz Folgerungen gezogen, die zu Fortschritten auf dem Weg zur dauerhaften Entsorgung führten. 1986 hat man sich vom kristallinen Wirtsgestein auf Tonstein umorientiert. Ca. 15 Jahre später wurde das Konzept der geologischen Tiefenlagerung entwickelt, das Stärken der Endlagerung mit Stärken der Oberflächenlagerung oder oberflächennahen Lagerung verbindet. Mit dem Sachplanverfahren wurde ein erfolgversprechender Weg zur Tiefenlagerung aller radioaktiven Abfälle eingeschlagen. Das grundsätzliche Spannungsfeld, dass das Verfahren einerseits Verlässlichkeit vermitteln muss, andererseits aber auch wegen der langen Verfahrensdauer neueren Entwicklungen und Erkenntnissen angepasst werden muss, konnte bisher gut bewältigt werden.

Mit der Entscheidung des Bundesrates, welche Standorte in Etappe 3 des Sachplanverfahrens näher untersucht werden sollen, wurde ein weiterer wichtiger Meilenstein passiert. Ob das Ziel eines sicheren und akzeptierten Tiefenlagers für hoch radioaktive Abfälle erreicht wird, lässt sich heute noch nicht vorhersehen. Entscheidend wird voraussichtlich vor allem der Ausgang des fakultativen Referendums zur Rahmenbewilligung sein. Zum Entsorgungspfad ist zu bedenken, dass die Entsorgung hoch radioaktiver Abfälle in der Schweiz nicht nur das geologische Tiefenlager umfasst, sondern auch die Zwischenlagerung der hoch radioaktiven Abfälle, ihren Transport zum Tiefenlager, die Umverpackung in den Oberflächenanlagen des Tiefenlagers und im Fall einer Rückholung von Abfällen aus dem Tiefenlager ihre sichere Aufbewahrung und weiterführende Entsorgung.

3.3 Niederlande

Die Niederlande sind deshalb von besonderem Interesse, weil hier ein weltweit bisher einzigartiger Weg zur Entsorgung hoch radioaktiver Abfälle beschritten wurde: Die Abfälle werden über einen Zeitraum von 100 Jahren oder länger in einem massiven Bauwerk an der Erdoberfläche gelagert. Anschließend soll die Endlagerung in geologischen Formationen erfolgen oder ein anderer Entsorgungspfad beschritten werden. Diese Entsorgungsoption entspricht im Prinzip der in Kap. 1 angesprochenen Entsorgungsoption „Oberflächenlagerung" und wird deshalb im Folgenden auch als Oberflächenlagerung bezeichnet.

Die Menge an zu entsorgenden hoch radioaktiven Abfällen ist in den Niederlanden vergleichsweise gering, weil in diesem Land nur zwei Kernkraftwerke mit je einem Reaktorblock existierten, von denen einer noch in Betrieb ist. Alle bestrahlten Brennelemente aus den beiden Leistungsreaktoren wurden bzw. werden in Frankreich und oder Großbritannien wiederaufgearbeitet und die resultierenden verglasten hoch radioaktiven Abfälle in die Niederlande zurückgesandt.

Diese Abfälle sowie die Brennelemente aus Forschungsreaktoren werden im Oberflächenlager HABOG (Hoogradioactief Afval Behandelings Gebouw; Abb. 3.1) bei Vlissingen in dünnwandige Metallbehältnisse geladen und in einigen Meter tiefen Schächten eines Betonkörpers trocken gelagert. Sie werden durch Naturkonvektion gekühlt. Eine Vielzahl von Parametern, unter anderem Temperatur, Dichtheit und Strahlendosis, werden

Abb. 3.1 Oberflächenlager HABOG in den Niederlanden (Foto: M. Reichardt und D. Köhnke)

permanent überwacht. Daraus ergibt sich die Möglichkeit, gezielt Wartungs- und Reparaturmaßnahmen zu ergreifen bzw. die Abfälle rückzuholen oder auszulagern, falls nötig (Codée 2014). Die Gebäudehülle ist gegen Einwirkungen von außen, zum Beispiel Flugzeugabsturz, ausgelegt und verfügt unter anderem über 1,7 m starke Stahlbetonwände.

Sämtliche Aktivitäten im Bereich der Atomenergie, insbesondere auch die Abfallentsorgung, unterliegen dem niederländischen Kernenergiegesetz von 1963 in der jeweils aktuell gültigen Fassung. Verantwortlich für den Umgang mit und die endgültige Beseitigung aller radioaktiven Abfälle ist die 1982 gegründete Central Organisatie Voor Radioactif Afval (COVRA). COVRA gehört heute dem niederländischen Staat.

In den Niederlanden wird die Tiefenlagerung radioaktiver Abfälle seit 1972 untersucht. Dabei konzentrierte man sich frühzeitig auf die Einlagerung aller Arten von radioaktiven Abfällen in ein Bergwerk im Steinsalz von Salzstöcken (Glasbergen 1979). Bis 1980 wurden mehrere Salzstöcke als potenziell geeignet identifiziert. Nicht zuletzt der Widerstand der Bevölkerung führte aber zur Aufgabe weiterer Untersuchungen.

Zwischen 1984 und 1993 wurde mit dem OPLA-Programm (Commissie Opberging te Land) ein neues Untersuchungsprogramm zur Entsorgung in Salzstöcken durchgeführt. Als Ergebnis zeigte sich, dass die End- bzw. Tiefenlagerung in einem Salzstock die erforderliche Sicherheit gewährleisten kann. Allerdings wurde auch gefordert, andere Wirtsgesteine, vor allem Ton/Tonstein zu untersuchen. Im Jahre 1993 entschied die Regierung, dass der Entsorgungspfad wesentliche Ziele der niederländischen Umweltpolitik berücksichtigen muss, darunter auch die Rückholbarkeit der Abfälle aus ethischen, sicherheitlichen und/oder ökonomischen Gründen (Hageman 1998). In den folgenden Jahren wurden mehrere Forschungs- und Untersuchungsprogramme durchgeführt, die sich mit der Rückholbarkeit der Abfälle, der Untersuchung möglicher Wirtsgesteine und der Oberflächenlagerung beschäftigten.

Diese Überlegungen führten letztendlich zum aktuellen Entsorgungspfad, der aus zwei wesentlichen Elementen besteht:

- Dem auf der Erdoberfläche errichteten Bauwerk als Lager, das HABOG, in dem die wärmeentwickelnden hoch radioaktiven sowie alle anderen radioaktiven Abfälle für mindestens 100 Jahre zwischengelagert werden. Das HABOG nahm 2004 seinen Betrieb auf und wird von der COVRA betrieben. Die Lagerung über mindestens 100 Jahre stellt höhere Sicherheitsanforderungen als eine Zwischenlagerung von wenigen Jahrzehnten.
- Weitere Untersuchungen zur Lagerung aller Abfälle in tiefen geologischen Formationen in den Wirtsgesteinen Salz oder Ton. Dabei werden Monitoring und Rückholbarkeit der Abfälle berücksichtigt, ohne dass der Rückholbarkeitszeitraum schon festgelegt würde. Da die Tiefenlagerung erst in frühestens 100 Jahren stattfinden soll und die Standortsuche sowie die Errichtung eines Tiefenlagerbergwerks mehrere Jahrzehnte dauern, wird davon ausgegangen, dass die Tiefenlagerung nicht vor 2130 beginnen wird (OPERA 2011). Durch die Oberflächenlagerung wurde also für weitere Überlegungen zum Entsorgungspfad und zur Entsorgungsoption Zeit gewonnen.

Im Jahre 2009 wurde ein neues Untersuchungsprogramm, Onderzoeks Programma Eindberging Radioactief Afval (OPERA) initiiert, das eine Laufzeit bis 2016 hatte. Mit diesem Programm sollten die vorhandenen niederländischen Untersuchungen und Studien zu Sicherheit und Machbarkeit der Entsorgung, speziell auch der Endlagerung, evaluiert werden, da die vor 2009 erarbeiteten Studien schon bis zu 20 Jahren alt waren. Eine wesentliche Empfehlung des Projektes OPERA besteht darin, die Tiefenlagerung in Steinsalz auch weiterhin unter Berücksichtigung der Abfalleigenschaften und fortgeschrittener Sicherheitskonzepte zu verfolgen (OPERA 2015). Außerdem ist auch die Möglichkeit der Tiefenlagerung in Ton betrachtet worden, und die Vor- und Nachteile des Monitorings und der Rückholbarkeit von endgelagerten Abfällen sind aufgezeigt worden (OPERA 2017).

Die Rückholbarkeit von radioaktiven Abfällen aus einem Tiefenlager ist bereits seit 1984 eine wichtige Anforderung der Niederlande an den Umgang mit den Abfällen, da eine sichere Lagerung Isolation, Kontrolle und Überwachung sowie Reversibilität voraussetze. 1993 wurde diese Haltung durch die Regierung bekräftigt, indem sie feststellte, dass eine Genehmigung für eine untertägige Lagerung nur möglich sei, wenn die Abfälle rückholbar in das Tiefenlager eingebracht werden (OPERA 2017). 2001 wurde festgehalten, dass Rückholbarkeit unter Einhaltung der Sicherheitsanforderungen technisch machbar sei – allerdings zum Preis höherer Kosten. Reversibilität werde durch eine schrittweise Vorgehensweise auf der Grundlage fortschreitender Kenntnisse und Erfahrungen gewährleistet (CORA 2001). Möglichkeiten und Zielsetzungen des Monitorings wurden betrachtet, übergeordnete Aspekte und davon abgeleitete wesentliche Ziele diskutiert. Übergeordnete Aspekte des Monitorings sind der Aufbau von Vertrauen und die Entscheidungsfindung. Zu den davon abgeleiteten wesentlichen Zielen zählen, in Verbindung mit Reversibilität und Rückholbarkeit, einen Safety Case, also einen breit angelegten strukturierten Sicherheitsnachweis, zu ermöglichen sowie Umweltschutz und Betriebssicherheit zu gewährleisten (OPERA 2017). Entscheidungen über Einzelfragen müssen heute noch nicht getroffen werden, da aufgrund der Oberflächenlagerung im HABOG noch eine erhebliche Zeitspanne bis zur Festlegung der endgültigen Entsorgungsoption(en) zur Verfügung steht.

Insgesamt stellt die Entsorgung radioaktiver Abfälle in den Niederlanden eine in sich schlüssige Konzeption dar – nicht zuletzt wegen der relativ geringen Abfallmengen. Dabei ist die Oberflächenlagerung bzw. verlängerte Zwischenlagerung ein geplanter Schritt des Entsorgungskonzepts und nicht das Ergebnis eines gescheiterten Endlagerprogramms. Sie erfüllt die Hauptprinzipien der Niederländer nach Isolation, gesellschaftlicher Kontrolle und Überwachung der Abfälle für einen Zeitraum von mindestens 100 Jahren. Für darüber hinaus gehende Zeiträume sollen die Abfälle in tiefen geologischen Formationen von der Biosphäre isoliert werden. Dieses End- bzw. Tiefenlager könnte auch aus der Zusammenarbeit mehrerer Länder hervorgehen, die jeweils geringe Mengen an hoch radioaktiven Abfällen entsorgen müssen.

Bei der Entsorgung der radioaktiven Abfälle sind keine gravierenden Brüche aufgetreten. Zwar wurde um 1998 eine Strategieänderung vorgenommen, indem die Tiefenlagerung in Salzgestein in die Zukunft verschoben und stattdessen die längerfristige Oberflächenlagerung aller radioaktiven Abfälle über mindestens 100 Jahre in Angriff genommen wurde. Parallel dazu wird aber an der Frage der Tiefenlagerung weitergearbeitet, um nach Beendigung der Oberflächenlagerung mindestens eine weiterführende Entsorgungsoption verfügbar zu haben.

Obwohl in den Niederlanden die Abfälle jetzt für ein Jahrhundert in einem Oberflächenlager sicher untergebracht werden können, besteht letztlich immer noch Unklarheit darüber, welcher Entsorgungspfad danach im Detail beschritten wird. Diese Unklarheit soll jedoch rechtzeitig aufgehoben werden, wobei derzeit eindeutig die Tiefenlagerung favorisiert wird. Nicht vergessen werden darf, dass auch mit der Oberflächenlagerung spezifische Risiken verbunden sind.

3.4 Schweden

In Schweden ging 1964 das erste Kernkraftwerk ans Netz. Derzeit sind acht Reaktorblöcke an drei Standorten in Betrieb. Im Jahr 1977 trat die schwedische Kernenergiegesetzgebung („Stipulations Act") in Kraft (Larsson et al. 1986). Das Gesetz forderte von den privaten Betreibern der Reaktoren unter anderem eine absolut sichere Lösung („absolutly safe solution") für die Beseitigung der radioaktiven Abfälle. Dabei wurde den Betreibern die Verantwortung für die sichere Handhabung und die Zwischen- und Endlagerung bestrahlter Brennelemente und sonstiger radioaktiver Abfälle zugewiesen. Diese gründeten deshalb Ende der 1970er Jahre die Svensk Kärnbränslehantering AB (SKB), die diese Aufgaben umzusetzen hat. 1984 trat der „Nuclear Activities Act" in Kraft, der grundlegende Anforderungen an den Umgang mit bestrahlten Brennelementen und deren Lagerung enthält und bis heute Gültigkeit besitzt.

In Schweden ist vorgesehen, bestrahlte Brennelemente in einem Bergwerk in tief liegenden geologischen Formationen direkt einzulagern. Frühere Überlegungen, bestrahlte Brennelemente wiederaufzuarbeiten, wurden bereits 1982 aufgegeben (Damveld und Bannink 2012).

Das Entsorgungskonzept ist in Schweden für alle Arten von radioaktiven Abfällen festgelegt. Deshalb wird hier kurz auch auf schwach und mittel radioaktive Abfälle eingegangen. Ein Element des schwedischen Entsorgungskonzepts ist das seit 1988 betriebene Endlager für kurzlebige schwach bis mittel radioaktive Abfälle in Forsmark. Es befindet sich ca. 50 m unterhalb des Meeresspiegels und besteht aus 160 m langen Einlagerungskammern sowie einer 50 m hohen mit Zement ausgekleideten Kaverne, in der die meisten Abfälle in Stahlbehältern gelagert werden. Der Bereich zwischen der Zementauskleidung und dem anstehenden Gestein ist mit Bentonit verfüllt worden. Der Großteil der Abfälle besteht aus kurzlebigen Radionukliden, die nach ca. 500 Jahren weitgehend zerfallen sind. 2016 waren bereits ca. 63.000 m^3 Abfälle eingelagert. Die Gesamtkapazität des Lagers beträgt 200.000 m^3. Ende 2014 hat SKB den Antrag gestellt, das Endlager zu erweitern, um die beim Abriss der schwedischen Reaktoren anfallenden radioaktiven Abfälle dort unterzubringen. Dabei handelt es sich um ca. 180.000 m³ an Abfällen (SKB 2018a). Die Radionuklide mit etwas längeren Halbwertszeiten sollen für 10.000 Jahre sicher in dem Endlager isoliert werden (SKB 2018d).

Das zentrale Zwischenlager für bestrahlte Brennelemente (CLAB) liegt in der Nähe von Oskarshamn. Es wird seit 1985 betrieben und befindet sich in aufgefahrenen Hohlräumen rund 25 bis 30 m unterhalb der Erdoberfläche. Die bestrahlten Brennelemente werden dort in Wasserbecken gekühlt, also nass gelagert.

Nach der Zwischenlagerung im CLAB sollen die bestrahlten Brennelemente in einer ebenfalls in Oskarshamn geplanten Verkapselungsanlage in die aus Kugelgrafitgussstahl mit einer 5 cm dicken Kupferumhüllung bestehenden Endlagerbehälter eingebracht werden. Anschließend werden die Behälter dicht verschlossen. Diese Konditionierungsanlage soll in unmittelbarer Nähe zum CLAB errichtet werden und wird mit diesem zusammen eine integrierte Anlage namens Clink bilden. SKB hat die Genehmigung für die Anlage beantragt. Clink soll in den frühen 2020er Jahren in Betrieb gehen (SKB 2018b).

Das Kernelement des schwedischen Entsorgungskonzepts ist die geplante Endlagerung der bestrahlten Brennelemente in ca. 500 m Tiefe in einem Tiefenlager, das ebenfalls in Forsmark errichtet werden soll. Als Wirtsgestein dient Granit, der aber wegen seiner Klüftigkeit wasserführend sein kann und deshalb langfristig keine ausreichende Isolationswirkung für die Radionuklide aufweist. Unter dieser Voraussetzung hat SKB mit dem Projekt KBS-3 (kärnbränslesäkerhet – Kernbrennstoffsicherheit) einen Entsorgungsansatz entwickelt, mit dem nicht nur die Anforderungen an die Langzeitsicherheit bei der Endlagerung erfüllt werden sollen, sondern in den auch die notwendigen vorgelagerten Schritte (Clink) integriert sind.

Beim Endlager für bestrahlte Brennelemente liegt die Hauptlast der langfristigen Isolation der Schadstoffe auf der technischen Barriere Behälter. Die Behälter sollen mindestens 100.000 Jahre dicht sein und werden vom Verfüllmaterial Bentonit als zusätzlicher technischer Barriere umschlossen. Die Verfüllung schützt den Behälter gegen Veränderungen der hydrochemischen Umgebung. Im Falle einer Undichtigkeit soll der Bentonit die aus den Behältern austretenden Radionuklide mehr oder weniger stark sorbieren. Die geologische Barriere soll hingegen nur der mechanischen Stabilität des Lagers dienen und als Schutz gegen mögliche zukünftige Entwicklungen, wie zum Beispiel massive Vereisungen und deren Folgen.

Zwischen 1977 und 2002 wurden von SKB vielfältige Untersuchungen, zum Beispiel Machbarkeitsstudien und regionale Studien, in ganz Schweden durchgeführt mit dem Ziel, geeignete Endlagerstandorte zu identifizieren. Zwischen 2002 und 2007 wurde ein umfangreiches Bohrprogramm auf den Gebieten der Gemeinden Östhammar und Oskarshamn umgesetzt, mit dem die Qualität des kristallinen Untergrundes ermittelt werden sollte.

Parallel zu den naturwissenschaftlich-technischen Arbeiten wurde bereits 1992 ein Programm gestartet, bei dem sich Gemeinden freiwillig als Endlagerstandort bewerben konnten. Dieses Programm führte jedoch nicht zum gewünschten Erfolg. Schließlich konzentrierte sich SKB auf die Gemeinden Östhammar und Oskarshamn. Beide

3.4 Schweden

Gemeinden hatten Interesse daran, Standort für das Endlager zu werden. Im Juni 2009 entschied sich SKB für Forsmark in der Gemeinde Östhammar, weil dort der Untergrund gute Eigenschaften für ein Endlager aufweise, die übertägigen Anlagen innerhalb eines existierenden Industriegebietes erbaut werden könnten und der Einfluss auf die umgebende Natur deutlich begrenzt sei (Engström 2012). Das dort nun geplante Endlager liegt in unmittelbarer Nähe des Kernkraftwerkes Forsmark.

SKB geht von einem Baubeginn in den frühen 2020er Jahren aus. Mit dem Beginn des Einlagerungsbetriebs wird zehn Jahre nach Baubeginn gerechnet. Die Betriebszeit des Endlagers wird auf 40 Jahre veranschlagt, wobei parallel eingelagert und neue Einlagerungsstrecken aufgefahren werden sollen. Insgesamt ist vorgesehen, bis in die 2080er Jahre 12.000 t bestrahlter Brennelemente in 6000 Kupferbehältern einzulagern (SKB 2018c).

Ob diese Planung umsetzbar ist, erscheint derzeit fraglich. Am 23. Januar 2018 wies ein Gericht (Land and Environment Court of Nacka District) den Genehmigungsantrag der SKB für das geplante Endlager für bestrahlte Brennelemente mit Verweis auf die schwedische Umweltgesetzgebung ab. Begründet wurde die Gerichtsentscheidung mit den Ungewissheiten, die dem Projekt zugrunde liegen, insbesondere zur Korrosion der Kupferbehälter.

> „The uncertainties surrounding certain forms of corrosion and other processes are, however, of such gravity that the Court cannot, based on SKB's safety analysis, conclude that the risk criterion in the Radiation Safety Authority's regulations has been met. In the context of the comprehensive risk assessment required by the Environmental Code, the documentation presented to date does not provide sufficient support for concluding that the final repository will be safe in the long term" (MKG 2018).

Zusammenfassend lässt sich feststellen, dass Schweden mit Entwicklung des KBS-3 Projektes seine Entsorgungsoption, speziell das Endlager für bestrahlte Brennelemente, bisher weitgehend erfolgreich verfolgt hat und zusammen mit einem sehr ähnlichen Projekt in Finnland im Verhältnis zu anderen Staaten relativ weit fortgeschritten ist. Allerdings findet zur langfristigen Stabilität und Dichtheit der Kupferbehälter, die ja Voraussetzungen für die Umsetzung des Konzeptes sind, in Schweden seit vielen Jahren eine intensive Diskussion statt.

Anforderungen an die Rückholbarkeit von Abfällen wurden zwischen der schwedischen Regierung und dem Antragsteller SKB auf Grundlage des Nuclear Activities Act 2011 vereinbart (SKB/Ministry of the Environment 2011). Demnach wird nicht angestrebt, dass im Endlager deponierte Abfallbehälter nach Verschluss des Lagers rückgeholt werden können. Wenn zukünftige Generationen Behälter rückholen wollen, können sie dies bewerkstelligen. Die Rückholung wäre dann allerdings mit erheblichem Aufwand verbunden. Während der Betriebsphase dagegen soll es möglich sein, einzelne Behälter zurückzuholen, falls es zu unvorhergesehenen Ereignissen oder Entwicklungen kommt. SKB hat die Machbarkeit der Rückholung durch Versuche im Äspö-Hartgesteinsfelslabor gezeigt.

Im Ergebnis zeigt sich, dass der Rückholbarkeit der Abfälle aus dem geplanten Endlager nach Ansicht des Antragstellers SKB und der Regierung bzw. den Genehmigungsbehörden keine besondere Bedeutung zukommt. Sie gehen davon aus, dass das technische Barrierensystem langfristig passive Sicherheit gewährleisten wird.

In Schweden wurde das Entsorgungskonzept – ähnlich wie in den Niederlanden – im Verlauf der Zeit nur wenig verändert. Der Kern der Entsorgungsstrategie für hoch radioaktive Abfälle besteht seit den 1980er Jahren aus dem Zwischenlager, der Verkapselungsanlage und dem Endlager für bestrahlte Brennelemente. Bei der Auswahl des Standorts für das Endlager für hoch radioaktive Abfälle hat sich die Bereitschaft von Gemeinden, in denen bereits Kernanlagen betrieben werden, freiwillig das Lager aufzunehmen, als hilfreich erwiesen. Schweden verfügt über ein geschlossenes Entsorgungskonzept. Wie sich das Gerichtsurteil von Nacka auf den Fortgang der Arbeiten am Endlager für hoch radioaktive Abfälle auswirkt, ist noch nicht abzusehen.

Literatur

AkEnd – Arbeitskreis Auswahlverfahren Endlagerstandorte (2002): Auswahlverfahren für Endlagerstandorte. Empfehlungen des AkEnd. Dezember 2002, Köln.

Appel, D., Kreusch, J., Neumann, W. (2015): Darstellung von Entsorgungsoptionen, ENTRIA-Arbeitsbericht 01. Hannover. ISSN Print: 2367-3532. ISSN Online: 2367-3540.

Artikelgesetz (1994): Gesetz zur Sicherung des Einsatzes von Steinkohle in der Verstromung und zur Änderung des Atomgesetztes und des Stromeinspeisungsgesetztes. BGBl, Jg. 1994, Teil I, Nr. 46, S. 1618-1623, 19.7.1994, Berlin.

AtG – Atomgesetz (2002): Gesetz zur geordneten Beendigung der Kernenergienutzung zur gewerblichen Erzeugung von Elektrizität vom 22. April 2002. BGBl Jg. 2002, Teil I Nr. 26, S. 1351–1359. 26.4.2002, Bonn.

BFE – Bundesamt für Energie (2011): Sachplan geologische Tiefenlager – Konzeptteil. 2.4.2008 (Revision vom 30.11.2011), Ittingen/Bern.

BMU – Bundesministerium für Umwelt, Naturschutz und Reaktorsicherheit (2010): Sicherheitsanforderungen an die Endlagerung wärmeentwickelnder radioaktiver Abfälle, Stand 30.9.2010. Bonn.

BMUB – Bundesministerium für Umwelt, Naturschutz, Bau und Reaktorsicherheit (2015): Programm für eine verantwortungsvolle und sichere Entsorgung bestrahlter Brennelemente und radioaktiver Abfälle (Nationales Entsorgungsprogramm). August 2015, Bonn.

Bundesregierung (1977): Bericht der Bundesregierung zur Situation der Entsorgung der Kernkraftwerke in der Bundesrepublik Deutschland (Entsorgungsbericht), Deutscher Bundestag, Drucksache 8/1281 v. 30.11.1977. Berlin.

Codée, H. (2014): Radioactive waste management in the Netherlands: long-term storage and disposal. Vortrag anlässlich eines Besuchs von ENTRIA-Mitarbeitern bei COVRA in Vlissingen, 19.2.2014.

CORA – Commissie Opberging Radioactief Afval (2001): Retrievable disposal of radioactive waste in the Netherlands. Summary. Ministry of Economic Affairs/Commission on Radioactive Waste Disposal. Februar 2001, Den Haag.

Damveld, H., Bannink, D. (2012): Management of spent fuel and radioactive waste. State of affairs – A worldwide overview. Nuclear Monitor 746/7/8, May, 2, 2012.

EKRA – Expertengruppe Entsorgungskonzepte für radioaktive Abfälle (2000): Entsorgungskonzepte für radioaktive Abfälle – Schlussbericht. Autoren: Wildi, W., Appel, D., Buser, M., Dermange, F., Eckhardt, A., Hufschmied, P., Keusen, H.-R., Aebersold, M. Im Auftrag des Departements für Umwelt, Verkehr, Energie und Kommunikation. 31.1.2000, Bern.

Endlagerkommission (2016): Verantwortung für die Zukunft – Ein faires und transparentes Verfahren für die Auswahl eines nationalen Endlagerstandortes. Abschlussbericht. Kommission Lagerung hoch radioaktiver Abfallstoffe gemäß § 3 Standortauswahlgesetz, K-Drs. 268, 18.7.2016.

Engström, S.A. (2012): Nuclear waste management in Sweden. A multifaceted project. Vortrag der verantwortlichen Vizepräsidentin für Strategie und Programm der SKB (Svensk Kärnbränslehantering AB), Endlagersymposium Bonn, 26.9. – 28.9. 2012.

Glasbergen, P. (1979): A geohydrological model for the long-term risk analysis of the disposal of radioactive waste in salt domes in the Netherlands, Proceed. Workshop OECD/NEA on the «Migration of Long-Lived Radionuclides in the Geosphere», 29.1.-31.1.1979, Brüssel, S. 13-84.

Hageman, B. (1998): Presentation of specific issues raised during the studies – retrievability. In: Webster, S. (1998, Ed.): Safety Case for geological disposal of high-level radioactive waste – follow-up the «desk simulation" licence application studies, Proceed. of the Mol workshop, 27.11-28.11.1997. EU-Commission, Bericht EUR 18187 EN, S. 81–84.

HSK – Hauptabteilung für die Sicherheit von Kernanlagen (1986): Gutachten zum Projekt Gewähr 1985 der Nationalen Genossenschaft für die Lagerung radioaktiver Abfälle (NAGRA), HSK 23/28. Würenlingen.

IGM/ÖTV – Arbeitsgemeinschaft Kerntechnik der Industriegewerkschaft Metall und der ÖTV (1980): Der Begriff «rückholbare Endlagerung» im Rahmen der Entsorgungsdiskussion. 20.10.1980, Frankfurt am Main.

Kleemann, U. (2005): Konzeptionelle und sicherheitstechnische Fragen der Endlagerung radioaktiver Abfälle – Wirtsgesteine im Vergleich. atw 50. Jg., Heft 12, S. 743–748. Dezember 2005.

Larsson, A., Andersson, K., Wingefors, S. (1986): Sweden – Policy and Licensing. An update of projects and the new framework for regulation. IAEA Bulletin, Spring 1986, p. 41–44.

Martini, H.J. (1963): Bericht zur Frage der Möglichkeit der Endlagerung radioaktiver Abfälle im Untergrund, Bericht der Bundesanstalt für Bodenforschung, unveröffentlicht. 15.5.1963, Hannover.

MKG – Miljöorganisationernas kärnavfallsgranskning (2018): Permit according to the environmental code for facilities for a coherent system for final disposal of spent nuclear fuel and nuclear waste; at this time a question of an opinion to the government. Opinion of the Environmental and Environmental Court. http://www.mkg.se/uploads/Summary_opinion_Swedish_Environmental_Court_regarding_proposed_final_repository_spent_nuclear_fuel_Forsmark_Jan_23_2018_(unofficial_translation_MKG).pdf. (Abgerufen am 23.2.2018).

Möller, D. (2009): Endlagerung radioaktiver Abfälle in der Bundesrepublik Deutschland. Administrativ-politische Entscheidungsprozesse zwischen Wirtschaftlichkeit und Sicherheit, zwischen nationaler und internationaler Lösung. Studien zur Technik- Wirtschafts- und Sozialgeschichte, Band 15, 390 S. Peter Lang Verlag, Frankfurt/M u. a.

Nagra (1985): Projekt Gewähr 1985. Die Projektberichte NGB 85-01 bis NGB 85-08 stellen den Kern der Berichterstattung der Nagra zum Projekt Gewähr dar. Wettingen.

OPERA – Onderzoeks Programma Eindberging Radioactief Afval (2011): Multiannual program OPERA, 5.7.2011 (Zitiert nach Damveld, H. & Bannik, D.; 06.04.2012, Nuclear Monitor 746/7/8).

OPERA (2015): Collection and analysis of current knowledge on salt-based repositories. Authors: Hart, J., Prij, J., Vis, G-J., Becker, D.-A., Wolf, J., Noseck, U., Buhmann, D. Report OPERA-PU-NRG221A, 15.7.2015.

OPERA (2017): Topic report on retrievability, staged closure and monitoring. Authors: Schröder, T.J., Haverkate, B.R.W., Wildenborg, A.F.B. Report OPERA-PU-NRG123, 12.6.2017.

RSK – Reaktor-Sicherheitskommission (1983): Sicherheitskriterien für die Endlagerung radioaktiver Abfälle in einem Bergwerk. – Bundesanzeiger, Jg. 35, Nr. 2 vom 5.1.1983, S. 45 – 46, Bonn.

RSK/SSK – Reaktor-Sicherheitskommission/Strahlenschutzkommission (2002): Gemeinsame Stellungnahme der RSK und der SSK betreffend BMU-Fragen zur Fortschreibung der Endlager-Sicherheitskriterien. Dezember 2002, Bonn.

Schlacke, S., Baumgart, S., Greiving, S., Schnittker, D. (o. D.): Gutachten «Planungswissenschaftliche Abwägungskriterien», im Auftrag der Kommission hoch radioaktiver Abfallstoffe. Dokument K-MAT 65, Geschäftszeichen: GSt StandAG – 113–22.

Schwiebach, J. (1967): Research on the permanent disposal of radioactive wastes in salt formations in the Federal Republic of Germany. In: IAEA (Ed.): Proceedings of a symposium on the disposal of radioactive wastes in-to the ground, Wien, 29.5.-2.6.1967, S. 465–477.

SKB – Svensk Kärnbränslehantering AB (2018a): Fact sheet on the SFR extension; SKB, Januar 2018. http://www.skb.com/futureprojects/extendingthesfr/. (Abgerufen am 20.2.2018).

SKB (2018b): Encapsulation plant. http://www.skb.com/futureprojects/encapsulationplant/. (Abgerufen am 20.2.2018).

SKB (2018c): The spent fuel repository. http://www.skb.com/futureprojects/thespentfuelrepository/ (Abgerufen am 20.2.2018).

SKB (2018d): This is where Sweden keeps its radioactive operational waste, http://www.skb.com/our-operations/sfr/ (Abgerufen am 27.7.2018).

SKB/Ministry of the Environment (2011): Application for licence under the nuclear activities act for construction, ownership and operation of a nuclear facility for the final disposal of spent nuclear fuel and nuclear waste. Applicant: The Swedish Nuclear Fuel and Waste Management Company (Svensk Kärnbränslehantering AB). www.skb.com/wp…/1282973-KTL-ansökan-på-engelska.pdf. (Abgerufen am 27.7.2018).

StandAG (2013): Gesetz zur Suche und Auswahl eines Standortes für ein Endlager für Wärme entwickelnde radioaktive Abfälle und zur Änderung anderer Gesetze (Standortauswahlgesetz – StandAG) vom 23. Juli 2013 (BGBl. I 2013, Nr. 41, S. 2553).

StandAG (2017): Gesetz zur Suche und Auswahl eines Standortes für ein Endlager für hochradioaktive Abfälle (Standortauswahlgesetz – StandAG) vom 5. Mai 2017 (BGBl. I 2017, Nr.26, S. 1074), zuletzt geändert durch Artikel 2 des Gesetzes vom 20.Juli 2017 (BGBl. I 2017, Nr. 52, S. 2808).

Thomauske, B. (2016): Ablauf des Standortauswahlverfahrens – Zeitrahmen und Auswahl eines bestmöglichen Standortes. Präsentation auf dem Endlagersymposium 4./05.2.2016 in München.

Wagner, R., Richter, W. (1960): Disposal of radioactive waste in the subsurface of the Federal Republic of Germany. Geological and hydrogeological problems. In: IAEA (Ed.): Disposal of radioactive wastes II. Proceedings of the scientific conference on the disposal of radioactive wastes, Monaco, 16.11-21.11. 1959, S. 548–551. Wien.

Rückholbarkeit und Monitoring

4.1 Hoch radioaktive Abfälle rückholen – warum?

Die Entsorgung hoch radioaktiver Abfälle soll so erfolgen, dass die gefährlichen Radionuklide ganz oder weit überwiegend im einschlusswirksamen Gebirgsbereich verbleiben und damit keinen Schaden an Menschen und Umwelt hervorrufen. Diese Anforderung gilt in Deutschland und vielen weiteren Ländern für ein Inventar, das ein sehr hohes Schadenspotenzial aufweist.

Zudem soll die Sicherheit über einen Zeitraum von bis zu einer Million Jahre gewährleistet sein. Für diesen Zeithorizont kann nicht auf Erfahrungen mit anderen menschlichen Vorhaben zurückgegriffen werden. Angesichts der weitreichenden Veränderungen, die Menschen auf der Erde bereits verursacht haben und weiter verursachen, erscheint es schon sehr anspruchsvoll, Sicherheit über einige Hundert Jahre zu gewährleisten.

In der Gesellschaft besteht daher eine verbreitete Skepsis, ob Entsorgungsoptionen wie die Endlagerung ihre Aufgabe, Sicherheit für Mensch und Umwelt zu gewährleisten, tatsächlich erfüllen werden. In einer Eurobarometer-Studie, die speziell der Entsorgung radioaktiver Abfälle gewidmet war, stimmten 81 % der befragten Deutschen der Aussage zu: „Es gibt keinen sicheren Weg, hochradioaktiven Abfall zu entsorgen" (Eurobarometer 2008, S. 31). Bei der periodischen Befragung von swissnuclear zur Kernenergienutzung in der Schweiz stimmten 2017 rund 48 % der Befragten der Aussage zu: „Die Lagerung der radioaktiven Abfälle in der Schweiz ist lösbar". Ca. 45 % der Befragten waren der gegenteiligen Meinung (swissnuclear 2017). Die Schweizer Bevölkerung ist in dieser Frage also in zwei etwa gleich große Lager gespalten. Die in beiden Ländern bereits bestehende Skepsis wird durch widersprüchliche Aussagen und Meinungen von Spezialisten, die im Bereich der Entsorgung hoch radioaktiver Abfälle tätig sind, noch vertieft.

Vor allem aus der Perspektive der vom Risiko Betroffenen liegt daher die Forderung nach Kontrollierbarkeit nahe: Wenn sich eine Entsorgungsoption nicht so wie geplant entwickelt, soll dies erkannt werden und die Abfälle sollen einem besseren Entsorgungspfad zugeführt werden können. Dazu müssen sie aus dem Lager rückgeholt werden. Technische Maßnahmen erleichtern das Entfernen der Abfallbehälter, in denen sich die hoch radioaktiven Abfälle befinden, und gewährleisten so „Rückholbarkeit". Um festzustellen, ob eine Rückholung erfolgen soll, ist eine geeignete messtechnische Überwachung der Entsorgungsanlage und ihres Inventars, ein Monitoring, erforderlich. Nach heutigem Stand von Wissenschaft und Technik muss die Überwachung im Nahfeld der Abfälle stattfinden.

Die Rückholbarkeit von hoch radioaktiven Abfällen aus Oberflächenlagern entspricht der Zweckbestimmung dieser Lager. Denn ein als Bauwerk auf der Erdoberfläche errichtetes Lager hat alleine die Aufgabe, Abfälle für einen vorab festzulegenden Zeitraum aufzunehmen. Dieser Zeitraum liegt in der Größenordnung von einigen Jahrzehnten bis zu wenigen Jahrhunderten. Die Oberflächenlagerung erfordert eine Überwachung und gegebenenfalls auch Reparaturen von Bauwerk und Abfallbehältern.

End- und Tiefenlager dagegen, die in Bergwerken in tief liegenden geologischen Formationen errichtet werden, sind keine rein ingenieurmäßig herzustellenden Bauwerke, sondern Anlagen, deren Eigenschaften wesentlich vom jeweiligen Wirtsgestein sowie sonstigen standortspezifischen Faktoren abhängen. Insbesondere bei den Wirtsgesteinen Steinsalz und Tonstein trägt das Gestein den entscheidenden Anteil an der langfristigen Isolation der Abfälle. Bei Kristallin hingegen ist die technische Barriere Behälter samt Bentonitversatz für die Langzeitsicherheit entscheidend. Ein weiterer großer Unterschied zum Oberflächenlager besteht in der Länge des Zeitraumes, für den der Nachweis der Isolation der Abfälle erbracht werden muss. Dieser Nachweiszeitraum beträgt in Deutschland rund eine Million Jahre und übersteigt damit den Zeitraum der Lagerung in einem Oberflächenlager um vier bis fünf Größenordnungen. Ein so langer Zeitraum ist nicht mehr vom Menschen kontrollierbar, sondern es müssen geeignete Gesteinspartien gefunden werden, die langfristig eine von menschlicher Kontrolle unabhängige, passiv-sichere und damit wartungsfreie Lagerung ermöglichen. Daher konzentrieren sich die Untersuchungen und Diskussionen zur Rückholbarkeit hoch radioaktiver Abfälle auch auf die Optionen End- und Tiefenlager.

Etliche Länder, zum Beispiel Deutschland, Schweiz, Frankreich, USA, haben Rückholbarkeit und Monitoring in ihre Gesetzgebung bzw. in ihre Entsorgungsprogramme aufgenommen. In Deutschland war Rückholbarkeit bis zum Jahr 2010 nicht vorgesehen. Anschließend wurde kein Vorteil darin gesehen, über die eigentliche Einlagerungsphase der Abfälle hinaus durch eine verlängerte Offenhaltung des Endlagerbergwerks langfristig ein Monitoring und Rückholbarkeit zu gewährleisten (siehe auch Abschn. 3.1). Nach wie vor gilt, das geplante „Endlager" für hoch radioaktive Abfälle nach Einlagerung der Abfälle möglichst zeitnah zu verschließen, sodass der angestrebte langfristig passiv sichere Zustand durch den einschlusswirksamen Gebirgsbereich und das sonstige Barrierensystem möglichst schnell erreicht wird. Unabhängig davon ist gemäß

StandAG (2017, § 26, 2) die Möglichkeit der Rückholung von eingelagerten Abfällen während der Betriebsphase des Lagers zu gewährleisten. Bei der in Deutschland als „Endlager" bezeichneten Entsorgungsoption handelt es sich aufgrund der vorgesehenen Rückholbarkeit eigentlich um ein Tiefenlager.

Ein naheliegender Grund für eine Rückholung wären Fertigungsmängel bei den Lagerbehältern, beschleunigte Korrosion oder andere Entwicklungen der Lagerbehälter, die deren Barrierenwirkung infrage stellen. Aus gebirgsmechanischer Sicht könnten eine ungünstige Permeabilitätsentwicklung in den Auflockerungszonen der Einlagerungsstrecken, eine ungünstige Integritätsentwicklung des einschlusswirksamen Gebirgsbereichs sowie mangelnde Funktionstüchtigkeit der Verschlussbauwerke und des Streckenversatzes eine Rückholung rechtfertigen (Stahlmann et al. 2018, S. 4 f.).

4.2 Generelle Varianten der Rückholbarkeit

Endlagerung und Tiefenlagerung sind auf das gleiche Ziel ausgerichtet: Die langfristig passiv-sichere Lagerung der Abfälle in geeigneten tiefen geologischen Formationen entsprechend dem anerkannten Prinzip des „Konzentrierens und Isolierens" von Schadstoffen. Das gilt für die Endlagerung mit schneller Einlagerung der Abfälle und zügigem Verschluss des Lagers ohne Absicht der Rückholbarkeit genauso wie für die Tiefenlagerung mit Monitoring und Rückholbarkeit über einen längeren Zeitraum. Ein allgemeines Schema zum Ablauf der End- bzw. Tiefenlagerung enthält Abb. 4.1.

Bei der Endlagerung werden die Abfälle zügig in das Lager verbracht, das nach Abschluss der Einlagerungsphase unverzüglich verschlossen wird. Endlagerung beruht auf Vertrauen in die passiv-sichere langfristige Wirksamkeit der Barrieren. Die Überwachung der Anlage erstreckt sich auf vorgegebene grundlegende Messungen, beispielsweise im Rahmen der Arbeitssicherheit, und ist nicht speziell auf Fragen der Rückholbarkeit konzipiert. Der vollständige Verzicht auf Rückholbarkeit wurde in Deutschland bis ca. 2010 favorisiert (BMU 2010). Weltweit ist Rückholbarkeit in vielen Ländern gesetzlich nicht vorgesehen, zum Beispiel in Schweden, Korea, Spanien und Kanada. Trotzdem wird Rückholbarkeit auch in diesen Ländern thematisiert: Behälterkonzepte und Überlegungen zur Reversibilität sollen eine Rückholbarkeit während der Betriebszeit des Endlagers und möglicherweise darüber hinaus prinzipiell ermöglichen. Unter „Reversibilität" wird die Möglichkeit verstanden, ein Verfahren während seines Verlaufs umzusteuern, um Fehler zu korrigieren (StandAG 2017).

Bei der Tiefenlagerung existieren drei Varianten, die sich durch unterschiedliche zeitliche Verläufe unterscheiden:

- Kennzeichnend für die erste Variante ist eine schnelle Einlagerung der Abfälle mit einem anschließenden zügigen Verschluss des Lagers. Das Monitoring erstreckt sich über die Betriebsphase bis zum Verschluss des Lagers. Auch danach wird – wie auch bei der zweiten Variante – noch eine allgemeine Umweltüberwachung

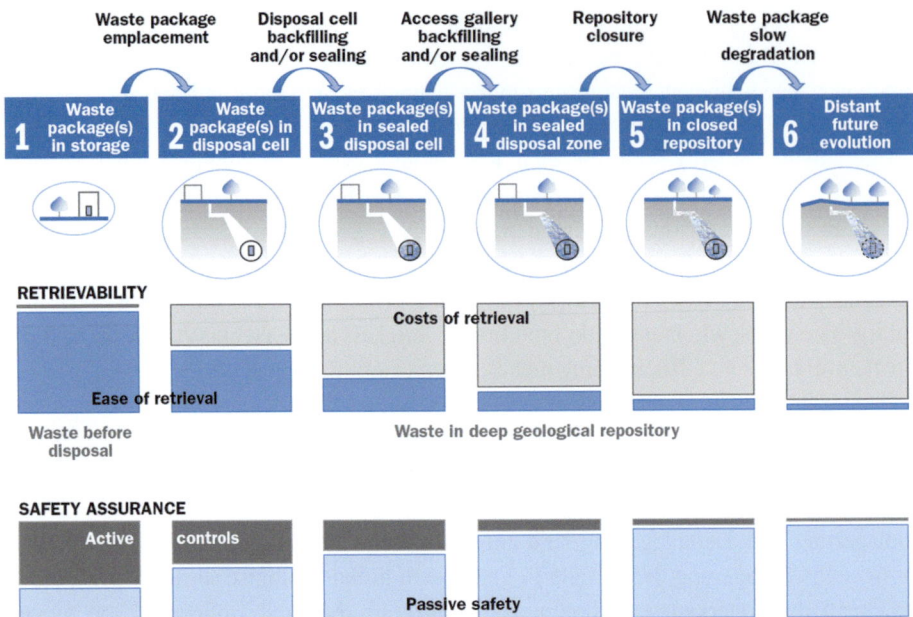

Abb. 4.1 Schematischer Ablauf der End- bzw. Tiefenlagerung mit Hinweisen zur Rückholbarkeit und Gewährleistung der Sicherheit (NEA 2011, S. 36)

stattfinden, sie ist aber nicht mehr auf die Rückholbarkeit hin orientiert. Die Rückholbarkeit konzentriert sich also auf die Phasen 2 bis 4 in der oben stehenden Abbildung. Diese Art der Tiefenlagerung ist seit 2017 in Deutschland vorgeschrieben (StandAG 2017) und in anderen Ländern wie Finnland, USA, Ungarn vorgesehen. Unabhängig davon muss in Deutschland eine Bergung der Abfälle bis 500 Jahre nach dem Verschluss des Lagers möglich sein.

- Die zweite Variante zeichnet sich dadurch aus, dass Rückholbarkeit deutlich über das Ende der Einlagerungsphase hinaus gewährleistet sein muss. Nach Abschluss der Einlagerung befinden sich die Abfallbehälter wie bei der ersten Variante in verschlossenen Einlagerungsfeldern. Der Zugang ins Tiefenlager wird jedoch über einen längeren Zeitraum offengehalten, um weiterhin ein Monitoring zu ermöglichen. Wie diese Offenhaltung der Zugänge genau ausgestaltet werden soll, muss frühzeitig geklärt werden. In der Schweiz hat der Bundesrat der entsorgungspflichtigen Nagra den Auftrag erteilt, die Vor- und Nachteile sowie den Aufwand verschiedener Varianten zu untersuchen und die vorgeschlagene Verschlussvariante zu begründen. Dabei geht es unter anderem um die Frage, ob alle Zugänge zum Lager offengehalten werden müssen oder ob die Offenhaltung einzelner Zugänge ausreichend ist (Bundesrat 2018, S. 4).
- Bei der Umsetzung der zweiten Variante verlängert sich die Phase 4 in der oben stehenden Abbildung. Das Bergwerk wird nach Abschluss der Einlagerung zur Beobachtung weiterhin funktionsfähig und zugänglich erhalten. Künftige Generationen könnten

dann darüber entscheiden, wann das Lager verschlossen wird. Diese Möglichkeit hat in Deutschland die Endlagerkommission aufgezeigt (Endlagerkommission 2016, S. 237 f.), sie wird nun aber nicht weiter verfolgt. In der Schweiz ist die Dauer der Beobachtungsphase nach Abschluss der Einlagerung offen und soll durch eine politische Entscheidung zum Verschluss beendet werden. In Frankreich ist vorgesehen, dass der Zeitraum zwischen Ende der Einlagerung und Verschluss mindestens 100 Jahre umfasst. Nach Verschluss der Zugänge bzw. Schächte ist eine Rückholbarkeit ähnlich wie bei der ersten Variante nicht mehr vorgesehen.

- Die dritte Variante sieht ein auf mögliche Rückholung ausgerichtetes Monitoring auch nach dem Verschluss des Lagers vor, also zusätzlich in Phase 5 gemäß oben stehender Abbildung. Hier findet ein Monitoring in der Nachbetriebsphase statt, das unter Umständen sehr langfristig ausgerichtet sein kann. Derzeit wird diese Variante nirgends verfolgt. Erste Überlegungen zeigen, dass die dazu erforderliche Monitoringtechnik noch nicht zur Verfügung steht (OPERA 2017) und der Nachweis der technischen Machbarkeit und Überführung in den Stand der Technik für alle Rückholungskonzepte noch aussteht (Herold 2016). Eine Rückholung der Abfälle in der Nachbetriebsphase würde nach heutigen Vorstellungen ein neues Rückholungsbergwerk bedingen.

Die verschiedenen Varianten der Tiefenlagerung mit Möglichkeit der Rückholbarkeit unterscheiden sich letztlich nur graduell durch die Länge des Zeitraums, für den Rückholbarkeit vorgesehen ist. Eine Rückholbarkeit, die über den Zeitraum des Tiefenlagerverschlusses hinausgeht und damit auch Teile der Nachbetriebsphase umfasst, ist derzeit nirgendwo geplant und ist aus heutiger Perspektive auch nur schwer vorstellbar.

4.3 Generelle Vorteile und Nachteile der Rückholbarkeit

Rückholbarkeit und das dazugehörige Monitoring dienen bei allen drei Varianten in erster Linie dazu, gegen Ungewissheiten bei der Tiefenlagerung vorzusorgen. Falls im Tiefenlager unerwartete Entwicklungen auftreten (unbekannte Unbekannte, siehe Abschn. 5.3.1), sollen diese Entwicklungen mithilfe des Monitorings frühzeitig erkannt und falls erforderlich die hoch radioaktiven Abfälle rückgeholt werden können. Falls die Personen, die das Tiefenlager konzipiert und umgesetzt haben, wichtige Fakten übersehen oder vernachlässigt haben (unbekannte Bekannte, siehe Abschn. 5.3.1), kann das Monitoring ihre Versäumnisse aufdecken und weist ggf. auf die Notwendigkeit einer Rückholung hin.

Unerwartete Monitoringresultate können verschiedene generische Handlungsalternativen auslösen: In einem ersten Schritt würde voraussichtlich die Verlässlichkeit unerwarteter Monitoringergebnisse überprüft. Gehen die Abweichungen beispielsweise auf defekte Sensoren zurück, müssen lediglich die messtechnischen Vorkehrungen instandgesetzt werden. Lassen sich die abweichenden Ergebnisse durch Phänomene erklären, welche für die Sicherheit des Tiefenlagers irrelevant sind, besteht kein Handlungsbedarf. Sind die abweichenden Ergebnisse für die Sicherheit relevant, würde wahrscheinlich zunächst eine Teilrückholung erfolgen und es würden vertiefte Untersuchungen durchgeführt, um die unerwarteten Phänomene besser zu verstehen. Bestätigt sich der Befund, dass die Sicherheit des Tiefenlagers nicht – wie ursprünglich erwartet – gewährleistet ist, muss das Lager saniert werden, oder es ist eine andere Entsorgungslösung zu finden. In Abb. 4.2 sind die generischen Handlungsalternativen aufgeführt, die auf unerwartete Ergebnisse des Monitorings folgen.

Dass es im Interesse der Sicherheit ist, mit Rückholbarkeit und Monitoring gegen unerwünschte Ungewissheiten vorzusorgen, wirkt auf den ersten Blick einleuchtend. Tatsächlich sind die Vorkehrungen für Rückholbarkeit und Monitoring jedoch auch mit Risiken für Mensch und Umwelt verbunden. Diese Risiken, die aus heutiger Sicht überwiegend gut einschätzbar sind, lassen sich nicht einfach gegen die Reduktion von Ungewissheiten abwägen. Aus ethischer Perspektive muss mit kalkulierbaren Risiken und Ungewissheiten (siehe Kap. 5) unterschiedlich umgegangen werden (Eckhardt und Rippe 2016). Der Entscheidung, ob und wie weit Rückholbarkeit und Monitoring umgesetzt werden sollen, müssen daher eine differenzierte Abwägung und letztlich ein politischer Beschluss zugrunde liegen.

Zu den mit Rückholbarkeit und Monitoring verbundenen Vorteilen und Chancen zählen:

- Vorsorge gegen unerwünschte Ungewissheiten: Falls unerwartete Entwicklungen im Lager auftreten, die dessen Sicherheit infrage stellen, lassen sich Schäden frühzeitig verhindern und es kann ein besserer Entsorgungspfad beschritten werden.
- Verminderung von kalkulierbaren Risiken in der Betriebsphase des Lagers: Daten und Modelle, die zuvor für Sicherheitsnachweise verwendet wurden, werden mit dem

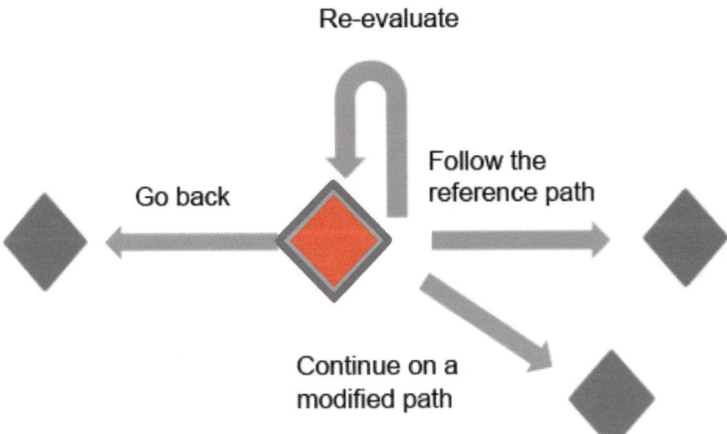

Abb. 4.2 Mögliche Handlungsalternativen nach der Beurteilung einer gegebenen Situation auf dem Entsorgungspfad. Abbildung gemäß (NEA 2011, S. 24), leicht modifiziert

4.3 Generelle Vorteile und Nachteile der Rückholbarkeit

Monitoring überprüft. Damit lässt sich unter Umständen die Sicherheit des Lagers während des Betriebs weiter verbessern.
- Kompetenzerhalt und Erkenntnisgewinn: Rückholbarkeit und Monitoring erfordern eine vertiefte und je nach Variante der Rückholbarkeit auch länger andauernde Auseinandersetzung mit der Sicherheit des Lagers als bei der Endlagerung. Dadurch wird der Kompetenzerhalt im Bereich der Sicherheit der Entsorgung radioaktiver Abfälle gefördert, und ggf. werden auch neue wissenschaftliche Erkenntnisse gewonnen.
- Volkswirtschaftlicher Nutzen: Hohe Anforderungen an Rückholbarkeit und Monitoring in einem Tiefenlager fördern die Entwicklung neuer Technologien, beispielsweise zur Fernüberwachung. Diese Technologien können auch in anderen Einsatzfeldern zum Tragen kommen.
- Vertrauensbildung: Rückholbarkeit und Monitoring fördern das Vertrauen der Zivilgesellschaft in die Sicherheit der Tiefenlagerung.
- Gerechtigkeit: Durch Rückholbarkeit und Monitoring wird der Handlungsspielraum künftiger Generationen beim Umgang mit den hoch radioaktiven Abfällen vergrößert. Sollte während der Monitoringphase beispielsweise eine bessere Technologie zur Entsorgung der Abfälle zur Verfügung stehen, würde es künftigen Generationen erleichtert, die Abfälle einer neuen Entsorgungslösung zuzuführen. Die von den Risiken und Ungewissheiten eines Tiefenlagers besonders betroffenen Anwohner können in das Monitoring einbezogen werden und damit selbst eine gewisse Kontrolle über Risiken und Ungewissheiten erlangen.

Nachteile und Risiken von Rückholbarkeit und Monitoring sind:

- Beeinträchtigung der Langzeitsicherheit: Das Monitoring schwächt – je nach Ausführung mehr oder weniger stark – die technischen und natürlichen Barrieren. Dies geschieht durch den Einbau und Betrieb von Messinstrumenten, ihre Versorgung mit Energie sowie die kabelgebundene Übertragung von Messwerten. Zum Beispiel können sich Fließwege entlang von Kabeln bilden, die die (Langzeit-)Sicherheit des Lagers beeinträchtigen. Eine Fernübertragung mittels kabelloser Techniken ist im Prinzip möglich, sie ist jedoch derzeit nicht Stand der Wissenschaft und Technik.
- Größere kalkulierbare Risiken für Menschen: Monitoring erfordert Arbeitseinsätze von Menschen, die mit kalkulierbaren Risiken verbunden sind. Dazu zählen radiologische Risiken, die von den Abfällen bzw. von natürlichen radioaktiven Stoffen im Untergrund ausgehen. Dazu zählen aber auch die konventionellen Arbeitsrisiken, die mit dem Bau und der Wartung von Monitoringstrecken verbunden sind. Falls das Monitoring fälschlicherweise auf die Notwendigkeit einer Rückholung hindeutet, werden die Personen, die mit der Rückholung beschäftigt sind, Risiken ausgesetzt, denen kein entsprechender Sicherheitsgewinn gegenübersteht.
- Höhere Eintrittswahrscheinlichkeit von Schadenereignissen: Bei der Variante, bei der das Tiefenlager über die Einlagerungszeit hinaus offenbleibt, verlängert sich der Zeitraum, in dem das Lager durch Ereignisse wie Wassereinbrüche über Schächte oder

Rampen gefährdet ist. Auch die Kernmaterialüberwachung ist anspruchsvoller als in einem verschlossenen Tiefenlager. Im Fall einer gesellschaftlichen Krise besteht die Gefahr, dass ein Lager mit verlängerter Offenhaltungszeit nicht mehr sicherheitsgerichtet verschlossen wird. Personen im Umfeld des Tiefenlagers, zum Beispiel Anwohner, können aufgrund der aus dem Tiefenlager entweichenden natürlichen Radioaktivität höheren radiologischen Risiken ausgesetzt sein. Dieser Effekt ist wirtsgesteinsabhängig.

- Höhere Kosten der Tiefenlagerung: Rückholbarkeit und Monitoring sind mit zusätzlichem Aufwand und damit auch mit höheren Kosten für die Tiefenlagerung verbunden als dies bei der Endlagerung der Fall wäre. Beispielsweise fallen durch Einbau und Wartung des Monitoringsystems sowie die Auswertung der gewonnenen Daten über einen langen Zeitraum zusätzliche Kosten an. Gleiches gilt für die zugehörigen bergbaulichen Sicherungsmaßnahmen.
- Gesellschaftliches Konfliktpotenzial: Unklarheiten über die Bedeutung von Ergebnissen des Monitorings und die Notwendigkeit einer Rückholung können zu gesellschaftlichen Kontroversen und Konflikten führen.
- Gerechtigkeit: Durch Rückholbarkeit und Monitoring wird der Handlungsspielraum künftiger Generationen beeinträchtigt, weil diesen Generationen höhere Lasten aufgebürdet werden. Gründe dafür sind der größere Aufwand, der bei der Realisierung des Tiefenlagers betrieben werden muss, sowie die ggf. längeren Offenhaltungszeiten, die eine aktive Kontrolle des Lagers erfordern.

Bei der Abwägung von Vor- und Nachteilen aus heutiger Sicht ist zu bedenken, dass bis zur Realisierung eines Tiefenlagers für hoch radioaktive Abfälle in Deutschland und der Schweiz noch einige Jahrzehnte vergehen werden. Technologische Entwicklungen, die in diesem Zeitraum stattfinden, können einige der aufgeführten Argumente relativieren. So ist es zum Beispiel vorstellbar, dass der Bau eines Tiefenlagers und die Einlagerung bzw. Rückholung der Abfälle künftig vollautomatisch mit Robotern vorgenommen werden, oder dass neue Messtechniken eine Fernüberwachung der Abfälle im verschlossenen Tiefenlager von der Erdoberfläche aus ermöglichen.

Im folgenden Abschn. 4.4 wird diesen Vor- und Nachteilen vertiefter nachgegangen.

4.4 Umsetzung der Rückholbarkeit

Welche Möglichkeiten des Monitorings bei der Tiefenlagerung sind heute in Planung oder werden angedacht?

Für die Umsetzung des Monitorings bei der Tiefenlagerung liegen für einige Länder Planungen vor, die in ihren Grundzügen für die Schweiz und Frankreich kurz umrissen werden. Zusätzlich wird ein generisches Tiefenlagermodell vorgestellt.

4.4 Umsetzung der Rückholbarkeit

4.4.1 Modell Schweiz

In der Schweiz soll ein Tiefenlager für hoch radioaktive Abfälle im Wirtsgestein Opalinuston errichtet werden. Das Lager besteht nach gegenwärtiger Planung aus einem einsöhligen Bergwerk, in dem die Lagerung der Abfallbehälter in parallel verlaufenden horizontalen Strecken stattfindet (vgl. Abb. 4.3). Gemäß Kernenergieverordnung umfasst es drei Bereiche, die unterschiedliche Funktionen aufweisen:

- im Testbereich werden sicherheitsrelevante Eigenschaften des Wirtgesteins zur Erhärtung des Sicherheitsnachweises vertieft abgeklärt und sicherheitsrelevante Techniken erprobt, zum Beispiel zur Rückholung von Abfallbehältern
- das Hauptlager nimmt die radioaktiven Abfälle auf
- im Pilotlager wird das Verhalten der Abfälle, der Verfüllung und des Wirtgesteins bis zum Ablauf der Beobachtungsphase überwacht. Zu diesem Zweck enthält es einen kleinen, aber repräsentativen Anteil der Abfälle.

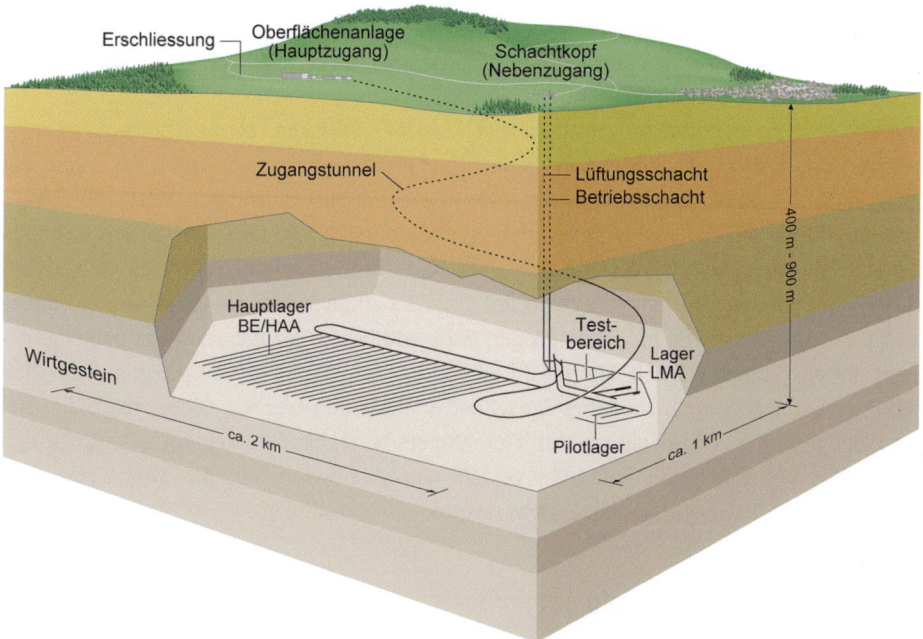

Abb. 4.3 Geologisches Tiefenlager für hochaktive Abfälle in der Schweiz (Nagra 2019)

Das Pilotlager bleibt über den für die Einlagerung der Abfälle im Hauptlager erforderlichen Zeitraum hinaus zugänglich, bis entschieden wurde, das Monitoring zu beenden und das Tiefenlager zu verschließen. Vor dem Verschluss des gesamten Tiefenlagers werden die Abfälle aus dem Pilotlager ins Hauptlager verbracht. Eine erleichterte Rückholung ist während der Einlagerung der Abfälle und der daran anschließenden Beobachtungsphase möglich.

Die Dauer der Beobachtungsphase wurde in der Schweiz bewusst offengelassen. Zum Verschluss des Tiefenlagers ist eine politische Entscheidung erforderlich. Der Nachweis der Rückholbarkeit ist Voraussetzung dafür, dass die Betriebsbewilligung für ein geologisches Tiefenlager erteilt wird (KEG 2018 Art. 37, 1, b).

4.4.2 Modell Frankreich

Das Tiefenlager in Frankreich soll in ca. 500 m Tiefe als einsöhliges Bergwerk im Tonmergelstein aufgefahren werden. Ein Untertagelabor besteht bereits am Standort. Mit Beginn der Tiefenlagerung ist eine fortschreitende Entwicklung der untertägigen Anlagen vorgesehen. Der Betrieb des Lagers beginnt mit einer Pilotphase (Versuchsanlage). Sie soll folgende Ziele erreichen: Demonstration der Reversibilitätsfähigkeit des Tiefenlagers sowie Nachweis der Sicherheit der Anlage und Rückholung der Abfälle (Rückholversuche). Verläuft die Pilotphase erfolgreich, wird das weitere Lager abschnittsweise in Betrieb genommen.

Die Abfälle werden in parallel verlaufenden Strecken bzw. Bohrlöchern eingelagert (vgl. Abb. 4.4). Die wesentlichen Entscheidungsschritte werden im Sinne der Reversibilität aus den Ergebnissen der jeweils gemachten Erfahrungen, des Monitorings und dem Verhalten der sogenannten „Lagerzellen" abgeleitet. Die Lagerzellen bestehen aus waagerechten Bohrungen, die mit einer Metallummantelung („Liner") standsicher ausgekleidet werden sollen. Innerhalb des Liners befinden sich die einzelnen Abfallbehälter. Sie können bei Bedarf ohne großen Aufwand herausgezogen und aus dem Tiefenlager abtransportiert werden. Die Rückholbarkeit soll für mindestens 100 Jahre möglich sein, sie kann aber nicht beliebig lange aufrechterhalten werden (Poisson 2015). Bei der Genehmigung zur Errichtung des Tiefenlagers wird der Zeitraum festgelegt, für den Monitoring und Rückholbarkeit sichergestellt werden müssen. Wie das Monitoring konkret realisiert werden soll, ist noch nicht festgelegt.

4.4.3 Generisches Modell

Im Rahmen der Forschungsplattform ENTRIA wurde ein generisches Modell für ein Tiefenlager mit Vorkehrungen für Rückholbarkeit und Monitoring entwickelt (Stahlmann et al. 2015). Dieses Modell ist auf die Wirtsgesteine Steinsalz, Tonstein und kristallines Hartgestein anwendbar. Es handelt sich um ein zweisöhliges Tiefenlagerbergwerk, siehe

4.4 Umsetzung der Rückholbarkeit

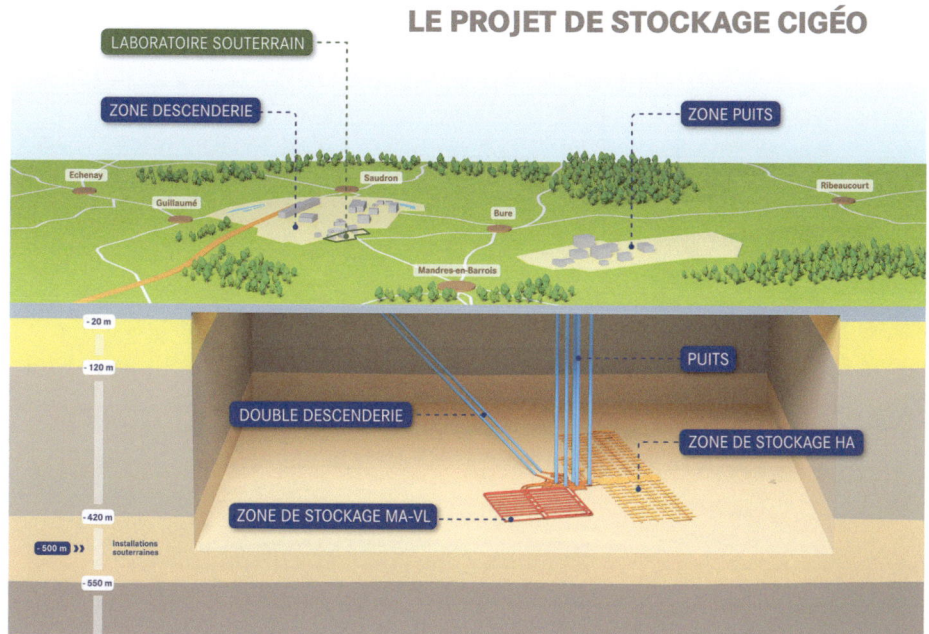

Abb. 4.4 Modell des Tiefenlagers für hoch radioaktive Abfälle in Frankreich (Andra 2019)

Abb. 4.5. Ein ähnlicher Ansatz mit einer speziellen Monitoringstrecke wurde bereits von EKRA (2000) vorgestellt. Auf der unteren Sohle findet die Einlagerung der Abfälle statt und dort befinden sich auch die Infrastrukturbereiche. Auf der oberen Sohle, die rund 40 m oberhalb der Einlagerungssohle liegt, werden die Monitoringstrecken angelegt. Sie verlaufen jeweils mittig und parallel zu den Einlagerungsstrecken. Bei einer von Lux et al. (2017) abgeleiteten Variante der Monitoringstrecken verlaufen sie rechtwinklig zu den Einlagerungsstrecken. Von den Monitoringstrecken werden Bohrungen in Richtung Einlagerungsstrecke abgeteuft, über die die Messinstrumente für das Monitoring in die gewünschte Tiefe herabgelassen werden können.

4.4.4 Bewertung der Modelle

Das Modell der Forschungsplattform ENTRIA mit einer zusätzlichen Monitoringsohle weist Vorteile auf: Über die Bohrungen kann man defekte Messsonden relativ problemlos austauschen, und es können Mess- und (Energie-)Versorgungskabel einfach verlegt oder erneuert werden. Zudem können die Einlagerungssohle und der Teil der Schächte bzw. Zugänge, der unterhalb der Monitoringsohle liegt, nach Befüllung verschlossen werden, ohne dass das Monitoring darunter leidet. Die Rückholbarkeit ist trotz diesem Verschluss – wenn auch mit höherem Aufwand – möglich. Potenzielle

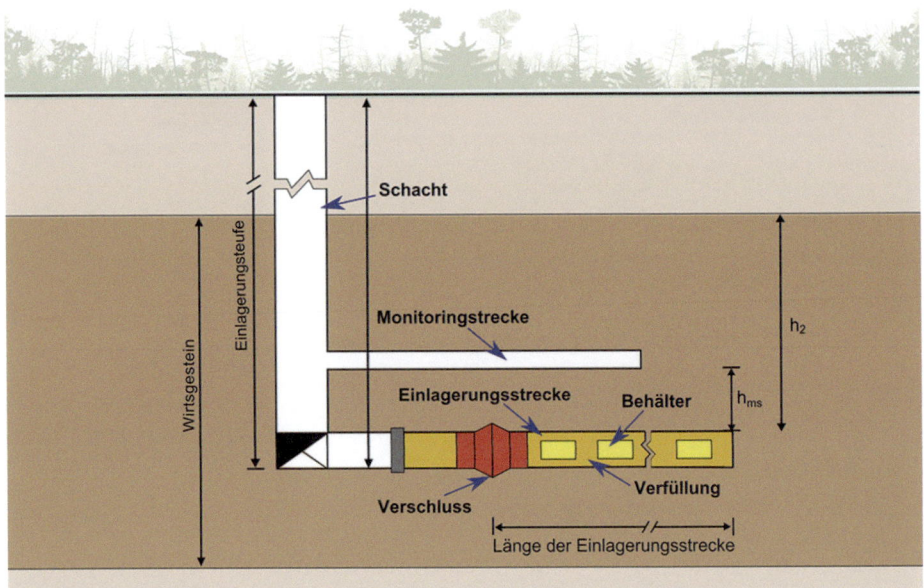

Abb. 4.5 Konzept für das Modell eines generischen Tiefenlagers mit Rückholbarkeit (Stahlmann et al. 2015, S. 27)

Sicherheitsnachteile bestehen allerdings darin, dass das Wirtsgesteins durch das Auffahren und das längere Offenhalten der Monitoringsohle stärker gestört wird. Die Monitoringbohrungen, die nahe bis an die Abfälle heranreichen, können zudem eine gute Wegsamkeit für Lösungen und Gase bilden und damit die Sicherheit ebenfalls beeinträchtigen.

Demgegenüber zeigt das französische Modell einen starken Einfluss des Reversibilitätsgedankens auf, da hier der Abfall in den relativ komplexen Einlagerungsbohrlöchern mit Metalllinern möglichst leicht rückholbar gelagert wird. Sollte der Abfall nicht rückgeholt werden, könnte sich dies als Schwachstelle erweisen (Gasbildung, Lösungsmigration). Spezielle Monitoringstrecken sind nicht erforderlich. Offen ist aber noch, auf welche Weise man in Frankreich ein zuverlässiges längerfristiges Monitoring der eingelagerten Abfälle und ihrer Auswirkungen ermöglichen will.

Das Schweizer Modell mit dem Pilotlager zeigt auf den ersten Blick Vorteile für die Sicherheit des gesamten Lagersystems, da nur ein Teil des gesamten Tiefenlagers überwacht werden soll, der zudem räumlich und hydraulisch vom Hauptlager getrennt sein muss. Allerdings stellt sich die Frage, ob die Entwicklung des Pilotlagers mit der des Hauptlagers übereinstimmen muss, da beide räumlich getrennt voneinander liegen, und ob man bestimmte negative Entwicklungen im Hauptlager überhaupt feststellen kann, wenn sich das rückholungsspezifische Monitoring auf das Pilotlager konzentriert. Da das Monitoring potenziell über lange Zeiträume erfolgen soll, kommt Aspekten wie dem erforderlichen Kompetenzerhalt und der langfristigen Dokumentation besondere Bedeutung zu.

Sowohl das französische als auch das Schweizer Konzept sehen gegenwärtig vor, nach der Einlagerung aller Endlagerbehälter die Zugänge zu den Einlagerungsfeldern während der Monitoringphase offenzuhalten. Durch die verlängerte Offenhaltung von Teilen des Tiefenlagers kann die Entwicklung des Lagerbergwerkes überwacht werden. Im Falle einer Entscheidung für Rückholung soll diese Aufgabe dann ohne großen Aufwand lösbar sein.

4.5 Funktionen und Probleme des Monitorings

In den vergangenen zwei Jahrzehnten hat Monitoring im Zusammenhang mit der Planung, dem Bau, und Betrieb sowie der Nachverschlussphase von Tiefenlagern eine zunehmende Bedeutung erlangt. Dies gilt nicht nur für Monitoring, das mit der Rückholbarkeit in unmittelbarem Zusammenhang steht, sondern auch für andere Formen des Monitorings. Zum Monitoring lassen sich Teilziele benennen, die überwiegend sicherheitstechnisch ausgerichtet sind (nach IAEA 2014):

- Zeigen, dass die regulatorischen Anforderungen und genehmigungstechnischen Bedingungen erfüllt werden.
- Überprüfen, ob sich das Tiefenlager wie erwartet entwickelt. Das bedeutet, dass sich die einzelnen Komponenten und Barrieren so verhalten, wie es vorher in den Sicherheitsuntersuchungen prognostiziert wurde.
- Überprüfen, ob sich die wesentlichen Annahmen und Modellierungen als richtig erweisen und mit den aktuellen Verhältnissen im Tiefenlager übereinstimmen.
- Eine Datenbasis über das Tiefenlager und seinen Standort einschließlich seiner Umgebung erstellen. Diese Datenbasis wird benötigt zur Unterstützung zukünftiger Entscheidungen über die verschiedenen Entwicklungsstadien des Tiefenlagers, zum Beispiel Betriebsphase, Verschluss des Tiefenlagers, Nachbetriebsphase. Die Datenbasis kann auch genutzt werden bei einer Konzeptänderung oder für weitere Monitoringmaßnahmen.
- Informationen für die Öffentlichkeit bereitstellen.

Diesen Teilzielen müssen entsprechende konkrete sicherheitstechnische Nachweisziele zugeordnet werden. Bei deren Formulierung sind die aus den Eigenschaften des Tiefenlagersystems und seiner erwarteten Entwicklung einerseits und der gesellschaftlichen Erwartungshaltung an das Monitoring sowie den technischen Möglichkeiten der Informationserhebung und -verarbeitung andererseits ableitbaren Anforderungen zu berücksichtigen. Die konkrete Umsetzung der Teilziele ist erheblich schwieriger als ihre Formulierung. Dies führt zu technischen Problemen, auf die im Weiteren eingegangen werden soll.

Im Zusammenhang mit den Zielen des Monitorings ergeben sich mehrere bisher nur in Ansätzen gelöste oder noch ungelöste inhaltliche Aspekte. Sie betreffen sowohl das

Monitoring als auch das Sicherheitskonzept für ein Tiefenlager, das sich mit Rückholbarkeit und Monitoring in Richtung einer erhöhten Komplexität entwickelt. Es sind dies:

- Die Errichtung eines Tiefenlagers mit entsprechendem Betriebs-, Sicherheits-, Monitoring- und Rückholkonzept muss schon bei der Standortauswahl berücksichtigt werden. So weist beispielsweise ein Tiefenlager für ein gegebenes Inventar gegenüber einem Endlager mit gleichem Inventar einen erhöhten Flächen- bzw. Volumenbedarf auf. Zudem sind die Bedingungen für das Monitoring und die Rückholung abhängig vom Wirtsgestein (zum Beispiel Konvergenzverhalten, Stabilisierung von Hohlräumen im Gebirge, Temperaturableitung) und müssen sorgfältig beachtet werden.
- Die Umsetzung eines qualitätsgesicherten hochwertigen Monitorings lässt Fragen offen: Nach derzeitigem Stand von Wissenschaft und Technik sind viele Anforderungen, die an ein hochwertiges Monitoring gestellt werden müssen, nicht oder nur ansatzweise zu erfüllen. Dies betrifft sowohl die Generierung von Messwerten als auch die Art der Messwerte, ihre Übertragbarkeit und ihre Auswertung. Ein nachweislich dauerhaft über mehrere Jahrzehnte oder länger funktionierendes Überwachungssystem steht derzeit für die rauen Bedingungen in einem Tiefenlagerbergwerk nicht zur Verfügung (zum Beispiel zeitweise hohe Temperatur bis 200 °C bei Steinsalz, aggressives geo- und hydrochemisches Milieu). Eine kabellose Übertragung von Messdaten über größere Strecken innerhalb verfüllter Tiefenlagerbergwerke oder durch mächtige Gesteinslagen ist gegenwärtig mit der erforderlichen Zuverlässigkeit nicht möglich. Solange Messsonden und kabelgebundene Übertragungswege zugänglich sind, könnten sie bei erkanntem Defekt womöglich ausgetauscht werden, aber kabelgebundene Übertragungswege stellen auch immer eine Schwachstelle der Barrieren dar. Gleiches gilt für die notwendige zuverlässige Energieversorgung vieler Messinstrumente, die ohne Kabelverbindung bisher langfristig nicht gewährleistet werden kann. Eine denkbare kabellose Fernübertragung von Messdaten müsste für die Bedingungen eines Tiefenlagers ebenfalls noch entwickelt werden (MoDeRn 2010).

Diese beispielhaft angeführten Aspekte gelten insbesondere für ein Monitoring, das deutlich über die aktive Einlagerungszeit von Abfällen bis zu Verschluss und Stilllegung des Lagers hinausgeht oder gar bis in die Nachbetriebsphase hinein reicht (siehe dazu Abschn. 4.2).

Die Schwierigkeiten des Monitorings wachsen also in Abhängigkeit vom Monitoringzeitraum. Ein auf den Einlagerungszeitraum des Tiefenlagers beschränktes Monitoring mit zeitnahem Verschluss stellt sich – bei allen auch damit verbundenen Problemen – einfacher dar als bei einem Tiefenlager, das nach Einlagerung aller Abfälle noch lange Zeit, das heißt über Jahrzehnte oder Jahrhunderte, für das Monitoring offenbleibt und erst dann verschlossen wird. Überlegungen, das Monitoring jenseits des Verschlusses des Endlagers in der Nachbetriebsphase weiterzuführen, verstärken noch die technischen Probleme und sind derzeit nicht realisierbar (OPERA 2017; MoDeRn 2017; Herold 2016; MoDeRn 2013).

4.5 Funktionen und Probleme des Monitorings

Auf nationaler, europäischer und internationaler Ebene sind in den vergangenen Jahren etliche Forschungsprogramme finanziert worden, die ein breites Spektrum von Aspekten des Monitorings und der Rückholbarkeit aus naturwissenschaftlich-technischer und gesellschaftlicher Sicht beleuchtet haben, zum Beispiel Modern2020 (2018), MoDeRn (2017, 2013), MoDeRn 2010, NEA (2014) und OPERA (2017).

Das Projekt Modern2020 (2018) baut auf dem Projekt MoDeRn (2013) auf. Sein übergeordnetes Ziel besteht darin, Mittel für die Entwicklung und Umsetzung eines wirksamen und effizienten operationellen Überwachungsprogramms für ein End- bzw. Tiefenlager bereitzustellen, wobei die Anforderungen des Safety Case und spezifischer nationaler Programme bezüglich Inventar, Wirtsgestein, Lagerkonzept, gesetzliche Rahmenbedingungen, Erwartungen der interessierten Öffentlichkeit usw. berücksichtigt werden. Modern2020 (2018) konzentriert sich darüber hinaus auf das Monitoring des End- bzw. Tiefenlagernahfeldes während der Betriebsphase. Diese Konzentration ist sicherlich sinnvoll, da sie in Richtung des derzeitig praktisch Machbaren geht. Über dieses stark technisch zugeschnittene Projekt hinaus ist es sinnvoll, sich mit Blick auf das Monitoring frühzeitig dem Spannungsfeld zwischen den gesellschaftlichen Anforderungen und Wünschen und dem derzeitigen Stand der Monitoringtechnik zu widmen.

Im Folgenden wird auf wichtige Anforderungen an das rückholungsspezifische Monitoring (Abschn. 4.5.1 bis 4.5.4) eingegangen, und offene Fragen werden benannt.

4.5.1 Festlegung eines Monitoringprogramms

Umfang und Ausrichtung des Monitoringprogramms, also die zu wählende Instrumentierung, die Messgrößen, die Messorte und die Dauer des Programms, hängen von den konkreten Monitoringzielen (siehe oben) und von den tiefenlagerspezifischen Gegebenheiten ab. Dazu gehören vor allem die relevanten standortspezifischen Eigenschaften des Wirtsgesteins, das gewählte Tiefenlagerkonzept und der Zeitraum, den das Monitoring umfassen soll. Da der genaue Zeitpunkt, zu dem die Monitoringziele erreicht sein werden, zunächst nicht bekannt ist, muss ein Prozess der fortwährenden Erfassung der festgelegten Parameter sowie der iterativen Bewertung der Ergebnisse und Entscheidung über das weitere Vorgehen etabliert werden.

Beim derzeitigen Entwicklungsstand steht vor der erfolgreichen Umsetzung des Monitorings die Beantwortung einer Reihe von Fragen, die unter anderem folgende Aspekte betreffen: Auswahl der zu messenden Parameter, räumliche und zeitbezogene Repräsentativität der Messwerte, Umgang mit Indikatoren für komplexe Vorgänge im Lager, Integration mehrerer Parameter zu einer übergreifenden Funktionsaussage, Funktionsfähigkeit und Zuverlässigkeit von Messinstrumenten, möglicher negativer Einfluss von Messeinrichtungen auf die Sicherheitsbarrieren, Dauer des Monitorings sowie Feststellung des die Langzeitsicherheit bestimmenden Systemzustands. Zu vielen dieser Fragen liegen zu geplanten Projekten, zum Beispiel in der Schweiz und in Frankreich, bisher erst wenige Aussagen vor.

Für die Formulierung eines Monitoringprogramms ist eine klarere Zielsetzung als die eines einfachen „Informationsgewinns" erforderlich (Stahlmann et al. 2018, S. 53; Abschn. 4.2). Beispielsweise stellt sich die Frage, ob mit dem Monitoring auch die Qualität der Endlagerbehälter überprüft werden soll. In diesem Fall kann sich die messtechnische Überwachung nicht auf geotechnische Parameter beschränken. Soll das Monitoring in der Lage sein, Qualitätsmängel zu erkennen, die bei der Fertigung einzelner Lagerbehälter aufgetreten sind und sich erst nach einigen Jahren bis einigen Jahrzehnten der Einlagerung zeigen, liegt es nahe, eine flächendeckende Überwachung wie im ENTRIA-Modell (siehe Abschn. 4.4.3) anzustreben. Wie eine solche Überwachung zu bewerkstelligen wäre, vorzugsweise mit Sensoren, die sich am oder im Behälter befinden, ist nach derzeitigem Stand der Technik aber noch offen. Im Projekt ENTRIA wurden erste Forschungsarbeiten für einen instrumentierten Lagerbehälter („SMART-ENCON") geleistet.

Für die Entwicklung eines Monitoringprogramms sind neben Zielsetzungen auch Grundsätze erforderlich, die auf dem Weg zur Zielerreichung zu befolgen sind. Zwischen einigen der naheliegenden Grundsätze zeigen sich jedoch Widersprüchlichkeiten. Mögliche Grundsätze sind:

- Beschränkung auf ein messtechnisches Minimalprogramm, um die technischen und natürlichen Barrieren möglichst wenig zu stören (Stahlmann et al. 2018).
- Diversität und Redundanz, um im Fall von Messresultaten, die vom Erwarteten abweichen, besser entscheiden zu können, ob Handlungsbedarf besteht.
- Robustheit und Langlebigkeit der verwendeten technischen Lösungen, damit die Lösungen wenig störanfällig sind und das Programm auch in Zeiten mangelnder Ressourcen weitergeführt werden kann.
- Regelmäßige Aktualisierung der technischen Lösungen, vor allem durch Austausch von Elementen der Messtechnik, um dem jeweils aktuellen Stand von Wissenschaft und Technik zu entsprechen.
- Einfachheit der technischen Lösungen, um den Gebrauch durch Nicht-Spezialisten zu erleichtern, zum Beispiel beim Einbezug der betroffenen Bevölkerung in das Monitoringprogramm, und die Nutzbarkeit auch bei Kompetenzverlust in der Gesellschaft zu gewährleisten.
- Verwendung kabelloser Technik und autonomer Stromversorgungen, wenn immer möglich, um die technischen und natürlichen Barrieren nicht zu stören.

Insgesamt zeichnet sich ab, dass auf der Ebene der Grundsätze zu klären sein wird, ob einem eher passiv funktionierenden, robusten Programm der Vorzug gegeben werden soll oder einem Programm, das intensiver aktiv bewirtschaftet wird und mehr Flexibilität verspricht.

Noch offen ist auch die Frage, auf welche Art und Weise die Bevölkerung in die Erstellung des Monitoringprogramms eingebunden werden soll und kann. International bestehen Bestrebungen, nicht nur die Akzeptanz oder Zustimmung der Betroffenen zu erhalten, sondern sie als Eigentümer („owner") in die Prozesse rund um die Entsorgung hoch radioaktiver Abfälle einzubinden. Dazu sollen die Standortauswahl, der Bau und Betrieb einer Entsorgungsanlage als Teile eines langfristigen gesellschaftlichen Projekts verstanden werden, zu dessen Gelingen die Entsorgungsanlage beiträgt (Brans et al. 2015, S. 9). In ein solches Projekt könnte auch das Monitoring eingebunden sein, bei dem die betroffene Bevölkerung eine aktive Rolle übernimmt. Bei der Umsetzung der Maxime „Betroffene zu Beteiligten machen" muss jedoch immer zuerst die Frage beantwortet werden, inwiefern die Betroffenen daran interessiert sind, sich in das Projekt einbinden zu lassen. Zudem ist darauf zu achten, dass eine reale Beteiligung der Betroffenen stattfindet, die substanziell zum Gelingen des Projekts beiträgt. „Scheinbeteiligungen", die kaum Wirkung entfalten oder beispielsweise überwiegend durch finanzielle Anreize oder Chancen zur persönlichen Profilierung motiviert sind, müssen vermieden werden. Zusätzlich zur Klärung der Einbindung der Bevölkerung in die Erstellung des Monitoringprogramms ist festzulegen, wer die Daten auswertet und wer Entscheidungen aufgrund der Monitoringergebnisse trifft (siehe Abschn. 4.5.4).

Dem rückholungsspezifischen Monitoringprogramm muss eine gewisse Flexibilität innewohnen. Nur so ist man in der Lage, auf veränderte Situationen eingehen zu und zielgerichtet handeln zu können. Zudem muss es in ein allgemeines Überwachungskonzept eingebettet sein, das für End- und Tiefenlager sowieso erforderlich ist. Zu den Anforderungen an ein Monitoringprogramm enthält IAEA (2014) weitere Details.

4.5.2 Messparameter

Für die Konzeption und die Umsetzung des Monitoringprogramms muss geklärt sein, mit welchen zu messenden Parametern die Ziele des Monitorings erreicht werden können und sollen. Es ist festzulegen, welche Parameter überhaupt für das Monitoring benötigt werden und ob diese Parameter heute oder in absehbarer Zukunft über den notwendigen Zeitraum zuverlässig gemessen werden können.

Parameter wie Gebirgsdruck und Gebirgsspannung oder Konvergenzen sind relativ einfach zu ermitteln. Andere Parameter, zum Beispiel Änderungen des Porenwasserchemismus oder die Dichtheit der Abfallbehälter, erfordern kompliziertere Messmethoden. Prozesse und Parameter, die interessant sind in Zusammenhang mit dem Vorhandensein von Transportmedien für Radionuklide wie Wasser oder Gas, entwickeln sich bei einem gut ausgewählten Tiefenlagerstandort sehr langsam über lange Zeiträume, sodass selbst bei einem Monitoringzeitraum von bis zu mehreren Jahrhunderten keine oder kaum signifikante Veränderungen festgestellt werden können. Hier stellt sich die Frage, ob und wie man sehr langsame sicherheitsrelevante Entwicklungen im Tiefenlager mittels Monitorings überhaupt entdecken kann (siehe unten).

In NEA (2014) wird festgestellt, dass es gerechtfertigt sei, so viele Daten wie möglich zu sammeln, um das komplexe Tiefenlagersystem möglichst gut zu verstehen. Andererseits wird es als notwendig angesehen, nur eine optimierte Auswahl von Parametern zu benutzen, weil ansonsten ein umfassendes Monitoringsystem allein aus praktischen Gründen kaum noch zu bewältigen sei. Den größten Nutzen würden somit die Parameter versprechen, mit deren Hilfe das passiv-sichere System des Tiefenlagers zuverlässig bewertet werden kann. In NEA (2014) wird eine Liste denkbarer Monitoringparameter vorgestellt, und eine Liste typischer Parameter und Messmethoden ist IAEA (2001) zu entnehmen.

Auch hier taucht wieder die Frage auf, wie man Messungen aussagekräftiger Indikatoren des passiv-sicheren Tiefenlagersystems in einem Monitoringzeitraum von mehreren Jahrzehnten bis wenigen Jahrhunderten zuverlässig vornehmen will. Und selbst wenn dies möglich wäre, könnte damit noch kein Nachweis über die langfristige Funktionsfähigkeit des passiv-sicheren Barrierensystems erbracht werden, denn dieses muss eine den Monitoringzeitraum um Größenordnungen längere Isolationszeit gewährleisten. Möglich wäre nur die Feststellung einer offensichtlichen Fehlfunktion des passiv-sicheren Systems während des Monitoringzeitraums, sofern man die maßgeblichen Parameter oder Indikatoren dafür zuverlässig messen könnte. Eine solch offensichtliche Fehlfunktion eines Tiefenlagers zu einem so frühen Zeitpunkt müsste aber bei heutigem Kenntnisstand und einer sorgfältigen Standortauswahl praktisch ausgeschlossen sein.

Die beim Monitoring anfallenden Messwerte bilden die Grundlage weitreichender Entscheidungen, da sie aussagen sollen, ob das Tiefenlager bestimmungsgemäß seine Funktion erfüllt oder nicht. Davon wiederum hängt ab, ob das Tiefenlager zu einem bestimmten (vorher festgelegten) Zeitpunkt verschlossen wird oder aber alle oder bestimmte Abfälle zurückgeholt werden müssen. Letzteres tritt dann ein, wenn Messdaten zeigen, dass ein Prozess oder ein Ereignis eingetreten ist, der bzw. das die Sicherheit des Tiefenlagersystems beeinträchtigt und nicht mehr zu beheben ist. Die Qualität der Messwerte ist also wesentlich für: 1. die Entscheidung, Abfälle im Tiefenlager zu belassen 2. die Entscheidung, Abfälle aus dem Tiefenlager rückzuholen und 3. für das generelle Ziel, das Vertrauen der interessierten Öffentlichkeit zu gewinnen. Vor diesem Hintergrund ist es unerlässlich, sich auf die Messwerte verlassen zu können.

Neben der Qualität der Messwerte stellt die langfristig sichere Übertragung der Messwerte ein weiteres Problemfeld dar (MoDeRn 2013; MoDeRn 2010). Die Übertragung über mechanische Einrichtungen oder Kabel ist auf Dauer fehleranfällig. Ein Grund dafür ist die Alterung von Komponenten. Zudem stellen mechanische Einrichtungen oder Kabel potenzielle Wegsamkeiten durch die für die Sicherheit des Lagers wesentlichen Barrieren dar. Beim Einsatz zerstörungsfreier Messverfahren, zum Beispiel Radar- und Ultraschall, tomografische Verfahren, mikroseismische Emissionsmessungen, spielen diese beiden Aspekte keine erhebliche Rolle. Allerdings erfordern sie teilweise eine Energiezufuhr, die derzeit nur für wenige Jahre durch Batterien gewährleistet werden kann. Zudem besteht bei zerstörungsfreien Verfahren eine erhöhte Ungewissheit hinsichtlich der notwendigen Interpretation der gewonnenen Ergebnisse. Im Übrigen besitzen die Messsensoren selbst nur eine begrenzte Lebensdauer und müssten bei einem Monitoring, das viele Jahrzehnte beansprucht, öfters ausgetauscht werden.

4.5 Funktionen und Probleme des Monitorings

Insgesamt existieren viele technische Ansätze, auf denen aufbauend zukünftige Monitoringprogramme entwickelt werden können. Dazu sind aber noch erhebliche Verbesserungen notwendig, deren Entwicklung im Hinblick auf die Tiefenlagerung hoch radioaktiver Abfälle unterstützt werden sollte. Dies gilt insbesondere für kabellose und zerstörungsfreie Techniken, damit die mit der Kabelübertragung bestehenden Probleme vermieden werden können (MoDeRn 2013). Notwendig ist weiterhin, das Problem der Energieversorgung von Monitoringeinrichtungen zu lösen sowie die Lebensdauer der Monitoringkomponenten zu erhöhen.

4.5.3 Bewertung der gewonnenen Informationen

Um festzustellen, welche Daten und Informationen aus dem Monitoring Handlungsbedarf anzeigen, muss zunächst ein Referenzszenarium für die Betriebs- und die darauf ggf. folgende Beobachtungsphase entwickelt werden. Dieses Referenzszenarium ist wirtsgesteinsspezifisch (Stahlmann et al. 2018, S. 9 f.). Zudem muss festgelegt werden, welche Abweichungen vom Referenzszenarium als sicherheitsgerichtet zu betrachten sind, welche (noch) nicht sicherheitsrelevant sind und welche Handlungsbedarf anzeigen. Wenn betriebliche Abläufe oder Elemente der Anlage verändert werden, zusätzliche Sicherheitsmaßnahmen ergriffen werden oder unerwartete Ereignisse eintreten, muss das Referenzszenarium überprüft und ggf. angepasst werden.

Generell setzt die Bewertung der durch Monitoring gewonnenen Informationen und die darauf aufbauende Entscheidung über das weitere Vorgehen die Entwicklung eines Bewertungs- und Maßnahmenplans voraus, und zwar vor Beginn des Monitorings. Darin ist festzulegen, durch wen die Monitoringdaten bewertet werden (zum Beispiel Betreiber des Tiefenlagers, Genehmigungs- und Aufsichtsbehörde, spezielle Gremien?) und bei welchen Befunden bzw. Situationen welche Maßnahmen eingeleitet werden sollen oder müssen. Für den Fall der Abfallrückholung muss zudem rechtzeitig geklärt werden, was mit den rückgeholten Abfällen geschehen soll, beispielsweise eine Zwischenlagerung. Die betroffene Öffentlichkeit sollte an der Beantwortung dieser Frage wirksam beteiligt werden (siehe auch Abschn. 4.5.4).

Für die Datenbewertung müssen parameterspezifische Bewertungsmaßstäbe und -regeln abgeleitet werden, damit anhand der gewonnenen Messwerte einvernehmlich entschieden werden kann, ob sich das Tiefenlagersystem wie erwartet entwickelt oder ob Abweichungen auftreten. Der Berücksichtigung dieser einfachen Notwendigkeiten stehen wissenschaftliche und methodische Probleme entgegen, die im Vorfeld eines Monitoringprogramms gelöst werden müssen oder für die eine Umgangsweise festzulegen ist. Sie stehen beispielsweise mit folgenden Fragen in Zusammenhang: Auf Grundlage welcher Kenntnisse werden die Bewertungsmaßstäbe abgeleitet? In welcher räumlichen und zeitlichen „Dichte" müssen die Messwerte anfallen, um ausreichend genau die Entwicklung des Lagersystems darstellen zu können? Wie sollen Gruppen oder die Gesamtheit der Messwerte zu einem Gesamtergebnis aggregiert werden? Wie sind fehlerhafte von korrekten Messwerten zu unterscheiden? Wie können zum Beispiel falsch positive oder falsch negative Messergebnisse identifizieren werden?

Diese Fragen müssen befriedigend gelöst werden, damit keine zusätzlichen Ungewissheiten in die Bewertung hineinspielen. Ansonsten besteht die Gefahr, dass man mit einem Monitoringprogramm zwar viele Daten generiert und vorhandene Ungewissheiten möglicherweise verringern kann, andererseits aber über fehlerhafte Daten und deren Interpretationen neue nicht bekannte Ungewissheiten in die Bewertung einfließen. Auf dieser Basis könnten falsche Entscheidungen getroffen werden.

2018 nahm das U.S. Nuclear Waste Technical Review Board (NWTRB) eine Beurteilung der Rückholbarkeit bei der Entsorgung hoch radioaktiver Abfälle vor. Als Grundlage dafür wurden internationale Experten angehört. Das Gremium kam zu dem Schluss, dass es wesentlich sei, die Ziele, die mit dem Monitoring verfolgt werden, und die Begrenzungen des Monitorings gut zu verstehen. Die Indikatoren, die Handlungsbedarf signalisieren, müssten ebenso wie die erhobenen Daten für alle Interessierten transparent gemacht werden. Um bestehende technologische Begrenzungen zu überwinden, sei ein langfristig angelegtes Forschungs-, Entwicklungs- und Demonstrationsprogramm erforderlich (NWTRB 2018).

4.5.4 Wer entscheidet über Maßnahmen?

Die Umsetzung der durch das Monitoring erarbeiteten Erkenntnisse in Entscheidungen zum weiteren Vorgehen muss im Rahmen eines vorab vereinbarten Entscheidungsprozesses mit einvernehmlich festgelegten Regeln erfolgen (Appel und Kreusch 2012). Die Aufgaben und Verantwortungen der an diesem Prozess beteiligten Institutionen müssen klar geregelt und allen Beteiligten, einschließlich der Öffentlichkeit, bekannt sein. Die Verteilung ergibt sich aus den Antworten auf die Fragen „Wer misst?", „Wer bewertet?", „Wer trifft Entscheidungen?".

Wegen der weitreichenden sicherheitsbezogenen und gesellschaftlichen Konsequenzen der zu treffenden Entscheidungen muss die fachliche Bewertung der Monitoringergebnisse oder zumindest ihre Bestätigung durch eine Institution bzw. ein Gremium erfolgen, die in ihren Entscheidungen von den verfahrensverantwortlichen Institutionen, insbesondere Betreiber, Aufsichts- und Genehmigungsbehörde, unabhängig ist. Sie muss durch Fachleute gebildet werden, denen die beteiligten Institutionen und Interessengruppen vertrauen. Zudem sollte sie bei wichtigen Fragestellungen zusätzliche Zweitmeinungen einholen, und die Arbeit dieser Institution sollte regelmäßig überprüft werden. Wegen des möglicherweise langen Zeitraums bis zur abschließenden Entscheidung über den endgültigen Verschluss des Lagers ist große Sorgfalt auf die Aufrechterhaltung der Arbeitsfähigkeit, des Problembewusstseins und der Fachkompetenz der Institution bzw. des Gremiums zu verwenden.

Im Vorfeld der Entscheidungen und bei der Entscheidungsfindung selbst müssen Vertreter der betroffenen Bevölkerung einbezogen werden, denen das Recht zugestanden wird, ihre Meinung in den Entscheidungsprozess einzubringen. Alles andere würde einem der übergeordneten Ziele des Monitorings, nämlich Vertrauen aufzubauen, widersprechen.

4.6 Rückholbarkeit und Monitoring: Ein überzeugendes Modell?

Die bisher dargestellten Überlegungen zeigen, dass Rückholbarkeit und Monitoring differenziert zu betrachten sind. Zentrale Schlussfolgerungen sind:

- Beim Bau, beim Betrieb und bei der Stilllegung von Endlagern, Tiefenlagern und Oberflächenlagern ist Monitoring sinnvoll und notwendig, um die Arbeits- und Betriebssicherheit zu verbessern. Sinnvoll und notwendig ist auch, mit Hilfe von Monitoring während dem Bau, dem Betrieb und der Stilllegung zu überprüfen, ob die erwarteten Voraussetzungen für die sichere Lagerung der Abfälle gegeben sind.
- Rückholbarkeit ist ein Instrument zur Vorsorge gegen Ungewissheiten. Diese Ungewissheiten betreffen sowohl Informationen, die bei Planung, Bau und Betrieb eines Tiefenlagers für radioaktive Abfälle nicht bekannt waren oder übersehen wurden, als auch künftige Entwicklungen. Mit Rückholbarkeit sollen der Schutz gegen Ungewissheiten und damit auch das Vertrauen der Gesellschaft in die Sicherheit des Lagers gestärkt werden.
- Rückholbarkeit bei Tiefenlagern erfordert ein rückholungsspezifisches Monitoring. Das Monitoring stellt eine notwendige Grundlage dar, um zu entscheiden, ob eingelagerte radioaktive Abfälle rückgeholt werden sollen oder nicht.
- Wenn Rückholbarkeit und Monitoring in der Gesellschaft einen hohen Stellenwert als Vorsorge gegen Ungewissheiten und für das Vertrauen in ein Tiefenlager besitzen, ist die Gestaltung der entsprechenden Entscheidungsprozesse von großer Bedeutung. Zentrale Fragen dazu sind bisher nicht beantwortet, zum Beispiel: Was erwartet die Gesellschaft konkret von Monitoring und Rückholbarkeit? Wer trifft die Entscheidung zur Rückholung hoch radioaktiver Abfälle? Wie werden die Betroffenen in Entscheidungen einbezogen? Wie können die Fachkompetenzen, die für Monitoring und Rückholbarkeit benötigt werden, über längere Zeiträume sichergestellt werden?
- Auch die Vorstellungen darüber, wie das Monitoring technisch umgesetzt werden soll, sind erst wenig ausgereift. Offene Fragen bestehen unter anderem zur Festlegung eines Monitoringprogramms, der zu messenden Parameter, der Qualität der Messwerte sowie ihrer Übertragung.
- Das rückholungsspezifische Monitoring dient zwar der Vorsorge gegen Ungewissheiten, begründet seinerseits aber auch zusätzliche Risiken. So besteht die Gefahr,

dass längerfristiges Monitoring die Wirksamkeit von Barrieren beeinträchtigt, die wesentlich für die Sicherheit des Tiefenlagers sind. Zudem wird das Monitoring aus heutiger Sicht zu einer konkreten radiologischen Belastung der Beschäftigten und der Anwohner eines Tiefenlagers führen.

- Ein grundsätzliches Problem besteht bezüglich der Langzeitsicherheit in der Diskrepanz zwischen dem relativ kurzen Monitoringzeitraum von mehreren Jahrzehnten bis zu maximal wenigen Jahrhunderten einerseits und dem um Größenordnungen längeren Zeitraum, für den das Tiefenlagersystem Sicherheit gewährleisten soll. Bei einem gut ausgewählten und untersuchten Tiefenlagerstandort wird mit großer Wahrscheinlichkeit während des Monitoringzeitraums kein Befund auftreten, der Anlass zur Verbesserung der Sicherheit gibt. Ob das Vertrauen der Gesellschaft in das Lager dadurch gestärkt wird oder das Monitoring nicht vielmehr neue Fragen zur Akzeptabilität der Tiefenlagerung aufwirft, wird sich zeigen müssen.

Die Vorteile von Rückholbarkeit und Monitoring sind also bisher eher theoretischer Natur. Dass ein „kontrollierbares" Tiefenlager besser sein soll als ein Endlager, bei dem die Gesellschaft dem Urteil einer überschaubaren Gemeinschaft von Fachleuten vertrauen muss, leuchtet intuitiv ein.

Die Umsetzung von Rückholbarkeit und Monitoring wirft aber noch gewichtige Fragen auf und birgt Anknüpfungspunkte für kontroverse gesellschaftliche Diskussionen. Ob mit Rückholbarkeit und Monitoring tatsächlich wirksame Vorsorge gegen Ungewissheiten getroffen und das Vertrauen der Gesellschaft in die Entsorgung hoch radioaktiver Abfälle gestärkt werden kann, ist daher alles andere als klar. Geklärt ist auch noch nicht, inwieweit die Gesellschaft bereit ist, für die Vorsorge gegen Ungewissheiten zusätzliche Risiken in Kauf zu nehmen.

Literatur

Appel, D., Kreusch, J. (2012): Sicherheitstechnische und gesellschaftliche Aspekte von Monitoring bei der Endlagerung radioaktiver Abfälle mit Option ihrer Rückholbarkeit. Technikfolgenabschätzung – Theorie und Praxis, 21. Jg., H. 3, S. 52–58, Dezember 2012.

BMU – Bundesministerium für Umwelt, Naturschutz und Reaktorsicherheit (2010): Sicherheitsanforderungen an die Endlagerung wärmeentwickelnder radioaktiver Abfälle, Stand 30.9.2010. Bonn.

Brans, M; Ferraro, G.; von Estorff, U. (2015): The OECD Nuclear Energy Agency's Forum on Stakeholder Confidence, radioactive waste management and public participation. A synthesis of its learnings and guiding principles. Publications Office of the European Union, Luxemburg.

Bundesrat (2018): Verfügung des Schweizerischen Bundesrats zum Entsorgungsprogramm der Entsorgungspflichtigen vom Dezember 2016. 21.11.2018, Bern.

Eckhardt, A. & Rippe, K.P. (2016): Risiko und Ungewissheit bei der Entsorgung hochradioaktiver Abfälle. vdf-Verlag, Zürich.

EKRA – Expertengruppe Entsorgungskonzepte für radioaktive Abfälle (2000): Entsorgungskonzepte für radioaktive Abfälle – Schlussbericht. Autoren: Wildi, W., Appel, D., Buser, M.,

Dermange, F., Eckhardt, A., Hufschmied, P., Keusen, H.-R., Aebersold, M. Im Auftrag des Departements für Umwelt, Verkehr, Energie und Kommunikation. 31.1.2000, Bern.

Endlagerkommission (2016): Verantwortung für die Zukunft – Ein faires und transparentes Verfahren für die Auswahl eines nationalen Endlagerstandortes. Abschlussbericht. Kommission Lagerung hoch radioaktiver Abfallstoffe gemäß § 3 Standortauswahlgesetz, K-Drs. 268, 18.7.2016.

Eurobarometer (2008): Einstellung zu radioaktiven Abfällen. Spezial Eurobarometer 297. Durchgeführt im Auftrag der Generaldirektion Energie und Verkehr und koordiniert von der Generaldirektion Kommunikation. Brüssel/Luxemburg.

Herold, H. (2016): Rückholbarkeit – eine Herausforderung für die Entwicklung von Endlagerkonzepten. Folien des Vortrages auf dem 5. Essener Fachgespräch Endlagerbergbau Essen 25.2.2016, DBE Technology GmbH, Peine.

IAEA International Atomic Energa Agency (2001): Monitoring of geological repositories for high level radioactive waste. IAEA-TECDOC-1208. Wien.

IAEA (2014): Monitoring and surveillance of radioactive waste disposal facilities. Specific Safety Guide, IAEA SAFETY STANDARDS SERIES No. SSG-31, Wien.

KEG – Kernenergiegesetz (2018): Kernenergiegesetz vom 21. März 2003 (Stand am 1. Januar 2018). SR 732.1.

Lux, K.-H., Wolters, R., Zhao, J., Rutenberg, M., Feierabend, J., Pan, T. (2017): TH2M-basierte multiphysikalische Modellierung und Simulation von Referenz-Endlagersystemen im Salinar- und Tonsteingebirge ohne bzw. mit Implementierung einer Möglichkeit für ein direktes Monitoring des längerfristigen Systemverhaltens auch noch nach Verschluss der Einlagerungssohle. Ein Beitrag zur Verbesserung der Robustheit von Sicherheitsfunktionen mit sehr hoher Relevanz im Hinblick auf die Entwicklung von Bewertungsgrundlagen zum Vergleich von Entsorgungsoptionen. ENTRIA-Arbeitsbericht 07, Hannover. ISSN Print: 2367-3532. ISSN Online: 2367-3540.

MoDeRn (2010): Monitoring technologies workshop report. 7.-8.6-2010, Troyes. Deliverable (D-N°:2.2.1), Authors: White, M., Morris, J., Harvey, L. 18.10.2010.

MoDeRn (2013): State of art report on monitoring technology. WP2- DELIVERABLE (D-N°: 2.2.2), Author(s): AITEMIN (WP2 lead partner) NDA, Andra, NRG, Nagra, ENRESA, EURIDICE, ETH Zürich, NRG, RWMC, DBE TEC, POSIVA, SKB, RAWRA & GSL. 16.5.2013.

MODERN (2017): Deliverable D2.1: repository monitoring strategies and screening methodologies – Arbeitspaket im Rahmen des Projektes MODERN2020; Autoren: White, M, Farrow, J., Crawford, M. Endbericht, 08.2.2017. http://www.modern2020.eu/publications.html.

MODERN2020 (2018): MODERN2020. http://www.modern2020.eu/ (Abgerufen am 5.3.2018)

NEA – Nuclear Energy Agency (2011): Reversibility and retrievability (R&R) for the deep disposal of high-level radioactive waste and spent fuel. Final Report of the NEA R&R Project (2007-2011), December 2011, NEA/RWM/R(2011)4. 8.12.2011, Paris.

NEA (2014): Preservation of records, knowledge and memory across generations (RK&M). Monitoring of geological disposal facilities: Technical and societal Aspects, NEA/RWM/R (2014)2. Paris.

NWTRB – U.S. Nuclear Waste Technical Review Board (2018): Geologic repositories. Monitoring and retrievability of emplaced high-level radioactive waste and spent nuclear fuel. A Report to the U.S. Congress and the Secretary of Energy, Arlington VA, 28.5.2018.

OPERA – Onderzoeks Programma Eindberging Radioactief Afval (2017): Topic report on retrievability, staged closure and monitoring. Authors: Schröder, T.J., Haverkate, B.R.W., Wildenborg, A.F.B. Report OPERA-PU-NRG123, 12.6.2017.

Poisson, R. (2015): Current status of the CIGEO project. Folien Vortrag vom 13.11.2015, Dint 15/0203c. Andra – L'Agence nationale pour la gestion des déchets radioactifs.

Stahlmann, J., Leon-Vargas, R., Mintzlaff, V. (2015): Generische Tiefenlagermodelle zur Rückholung der radioaktiven Reststoffe: Geologische und Geotechnische Aspekte für die Auslegung. ENTRIA-Arbeitsbericht 03, Hannover. ISSN Print: 2367-3532. ISSN Online: 2367-3540.

Stahlmann, J.; Mintzlaff, V.; Léon-Vargas, R.P.; Epkenhans, I. (2018): Normalszenarien und Monitoringkonzepte für Tiefenlager mit der Option Rückholung. Generische Tiefenlagermodelle mit Option zur Rückholung der radioaktiven Reststoffe. ENTRIA-Arbeitsbericht 15, Hannover. ISSN Print: 2367-3532. ISSN Online: 2367-3540.

StandAG (2017): Gesetz zur Suche und Auswahl eines Standortes für ein Endlager für hochradioaktive Abfälle (Standortauswahlgesetz – StandAG) vom 5. Mai 2017 (BGBl. I 2017, Nr.26, S. 1074), zuletzt geändert durch Artikel 2 des Gesetzes vom 20.Juli 2017 (BGBl. I 2017, Nr. 52, S. 2808).

swissnuclear (2017): Eckwertstudie 2017. Durchgeführt von demoscope im Auftrag von swissnuclear. http://www.swissnuclear.ch/upload/cms/news/2017_10_26_Eckwerte2017_Mediensample.pdf. (Abgerufen am 23.11.2018).

Risiko, Sicherheit und Ungewissheit 5

5.1 Ziel der Entsorgung: Sicherheit

5.1.1 Wie ist das Ziel „Sicherheit" zu verstehen?

Mit der Entsorgung hoch radioaktiver Abfälle wird vorrangig das Ziel verfolgt, Mensch und Umwelt vor den Gefahren zu schützen, die von den Abfällen ausgehen. Im Vordergrund steht damit die Sicherheit von Mensch und Umwelt.

„Gefahren" sind Einwirkungen, die Leben und Gesundheit von Menschen direkt beeinträchtigen und/oder die Umwelt schädigen. Anders gelagerte und indirekte Schäden aufgrund von Gefahren, die Menschen betreffen, wie „Unzufriedenheit aufgrund ungerechter Verteilung von Risiken", „Existenzsorgen von Biolandwirten in der Region" oder „Ängste vor Strahlung" werden gegenwärtig kaum einbezogen, wenn von der Sicherheit eines End-, Tiefen- oder Oberflächenlagers die Rede ist. Solche Auswirkungen werden aber teilweise in anderen Kontexten berücksichtigt, beispielsweise dann, wenn es um Kompensationszahlungen für die Standortgemeinde oder die Standortregion eines Lagers geht.

Die Anforderungen an den Schutz der Umwelt vor den Gefahren der hoch radioaktiven Abfälle sind davon abhängig, wie „Umwelt" definiert ist. Häufig steht beim Schutz der Umwelt der Schutz von Lebensgrundlagen des Menschen im Vordergrund. Inwiefern die Umwelt um ihrer selbst willen geschützt werden muss, ist Gegenstand ethischer und rechtswissenschaftlicher Diskussionen. Angesichts der natürlichen Veränderungen in der Umwelt und aktuell auch der durch den Klimawandel induzierten Entwicklungen, die nur bedingt von einzelnen Staaten beeinflussbar sind, kann Schutz der Umwelt nicht einfach „Erhaltung des bestehenden Zustands" bedeuten. Im Detail ergeben sich hier noch viele Diskussionspunkte.

Die Abfälle sollen so von Menschen und Umwelt isoliert werden, dass sie keine schädlichen Auswirkungen entfalten. Zudem soll die missbräuchliche Verwendung der

Abfälle verhindert werden, zum Beispiel für Waffen, die bei Kriegen oder terroristischen Angriffen zum Einsatz kommen.

Hoch radioaktive Abfälle weisen eine stark Radioaktivität auf und enthalten hochgiftige Radionuklide. Ihre Radiotoxizität klingt aufgrund des Gehalts an langlebigen Radionukliden nur langsam ab. In Deutschland und der Schweiz müssen deshalb zum Nachweis der Langzeitsicherheit eine Sicherheitsanalyse und -bewertung vorgenommen werden, die einen Zeitraum von einer Million Jahre umfassen. Entsprechende Anforderungen sind in Deutschland in den Sicherheitsanforderungen des BMU (2010), in der Schweiz in einer Richtlinie des ENSI (2009) festgelegt. Die Radiotoxizität der Abfälle ist dann auf ein Maß abgeklungen, das demjenigen natürlicher Uranerze entspricht (Nagra 2015, S. 12).

In den Niederlanden (siehe Abschn. 3.3) wird nach wie vor eine Entsorgungsstrategie verfolgt, die auf einem Policy-Dokument der Regierung aus dem Jahr 1985 beruht (VROM 1984). Seit 2004 werden die Abfälle im Lager HABOG oberirdisch gelagert, das zunächst für eine Lagerdauer von ungefähr 100 Jahren konzipiert ist. Anschließend soll ein anderer Entsorgungsweg beschritten werden, der dem künftigen Stand von Wissenschaft und Technik und den künftigen gesellschaftlichen Rahmenbedingungen Rechnung trägt. Aus heutiger Sicht spricht die zuständige Aufsichtsbehörde Autoriteit Nucleaire Veiligheid en Stralingsbescherming (ANVS) von einem Zeitraum von mehreren tausend bis einer Viertelmillion Jahren, über den die Abfälle sicher gelagert werden müssen (MIW 2016). In Schweden (siehe Abschn. 3.4) schreibt die Aufsichtsbehörde Strålsäkerhetsmyndigheten (SSM) für quantitative Nachweise einen Untersuchungszeitrahmen von 10.000 Jahren nach dem Verschluss des Tiefenlagers vor. Für längere Zeiträume müssen verschiedene mögliche Entwicklungen des Lagers selbst, seiner Umgebung und der Biosphäre betrachtet werden.

Im Diskurs um den „richtigen" Entsorgungspfad spielen Sicherheit, Risiko und Ungewissheit eine wichtige Rolle. Hinter der Verpflichtung zur langfristig sicheren Entsorgung steht aus ethischer Sicht vor allem das Nicht-Schadensprinzip. Dem Nicht-Schadensprinzip zufolge müssen unzumutbare Risiken für Mensch und Umwelt abgewendet werden. Dies gilt sowohl für die Gegenwart als auch für die Zukunft (Brauer 2018, S. 29). Die Aufgabe, Schutz über lange Zeiträume zu gewährleisten, wird durch Ungewissheiten zu natürlichen und von Menschen hervorgerufenen Entwicklungen, erschwert. Dieser Herausforderung wird heute sowohl durch Abbau von Ungewissheiten, zum Beispiel mit Forschungsprojekten, als auch durch ein schrittweises und flexibles Vorgehen bei der Entsorgung hoch radioaktiver Abfälle Rechnung getragen (Eckhardt und Rippe 2016).

5.1.2 Exkurs: Sicherheit durch Verdünnen der Abfälle in der Umwelt?

Zwischen 1946 und 1993 entsorgten Staaten weltweit radioaktive Abfälle im Meer (IAEA 1999). Damit wurde eine Verdünnung der Radionuklide in den Meeren angestrebt. Durch Verteilen und Verdünnen lassen sich die von radioaktiven Abfällen

5.1 Ziel der Entsorgung: Sicherheit

ausgehenden Gefahren, insbesondere aufgrund von ionisierender Strahlung, prinzipiell auf ein Maß reduzieren, das als zumutbar für Menschen und Umwelt gilt.

1972 wurde die „Convention on the Prevention of Marine Pollution by Dumping of Wastes and Other Matter" (Londoner Konvention) ausgehandelt. Die Konvention soll die Meeresumwelt vor Verschmutzungen schützen. Sie trat 1975 in Kraft und wurde 1996 durch das Londoner Protokoll ersetzt, das die Entsorgung von Abfällen und weiteren Substanzen und Gegenständen im Meer weitgehend verbietet. Bis heute haben 87 Staaten die Konvention und 50 Staaten das Protokoll unterzeichnet (IMO 2018).

Die Unterzeichner der Londoner Konvention beauftragten die IAEA damit, ein Inventar der radioaktiven Substanzen zu erstellen, die in die Meeresumwelt gelangen. Entsprechend publizierte die IAEA ein „Inventory of radioactive waste disposals at sea", das bis 1999 aktualisiert wurde. Radioaktive Abfälle wurden im Nordatlantik vor allem zwischen den späten 1960er und den frühen 1980er Jahren entsorgt (IAEA 1999, S. 18). Das Inventar nach Abb. 5.1 zeigt, dass Deutschland ebenso wie Schweden nur geringe Mengen an radioaktiven Abfällen im Nordatlantik entsorgte. Deutlich größer ist die aus den Niederlanden stammende Aktivität und auffallend der verhältnismäßig hohe Anteil von Schweizer Abfällen an der gesamten auf diese Weise entsorgten Radioaktivität. Dominiert wird die Entsorgung im Nordatlantik von Großbritannien. 77.5 % der entsorgten Radioaktivität stammen aus dem Vereinigten Königreich (IAEA 1999, S. 16).

Gegen das Verdünnen radioaktiver Abfälle in Umweltkompartimenten (Luft, Wasser, Boden und Erdkruste) spricht:

- Umgehen des Verursacherprinzips: Nach dem Verursacherprinzip gehen die mit den Folgen einer Handlung verbundenen Kosten zulasten des Verursachers (Brauer 2018, S. 27 f.). Mit dem Verdünnen entzieht sich der Verursacher den Vorschriften zur

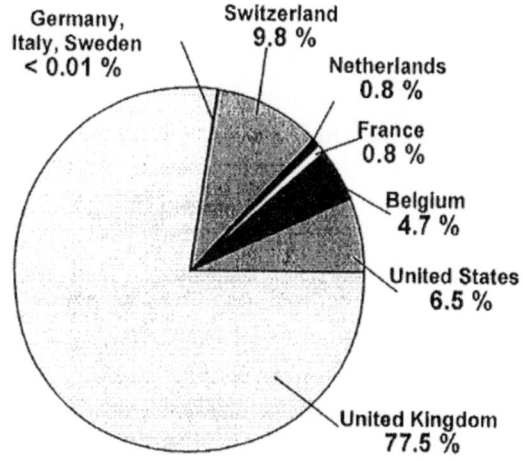

Abb. 5.1 Im nordatlantischen Ozean deponierte radioaktive Abfälle. Anteil verschiedener Länder an der gesamten eingebrachten Radioaktivität (IAEA 1999, S. 16)

Entsorgung von Abfällen, die stark mit Schadstoffen belastet sind, und damit auch der Verpflichtung, angemessene Kosten für die Folgen seiner Handlungen zu übernehmen.
- Mangelnde Verteilungsgerechtigkeit: Wenn Abfälle verdünnt werden, verteilen sich die in den Abfällen enthaltenen Schadstoffe über größere Räume. Schäden durch radioaktive Abfälle, zum Beispiel aus Kernkraftwerken, sind daher nicht nur dort möglich, wo Menschen von der Elektrizitätserzeugung in diesen Kernkraftwerken profitierten, sondern auch in Ländern, die sich gegen die Nutzung der Kernenergie entschieden haben.
- Nicht-Rückholbarkeit: Schadstoffe, die in der Umwelt verdünnt wurden, lassen sich in der Regel nicht mehr oder nur mit großem Aufwand rückholen. Eine spätere Rückholung kann sinnvoll sein, um die Abfälle einer besseren Entsorgung zuzuführen oder um die Abfälle oder Teile davon als Ressourcen zu nutzen.
- Akute Schädigungen: Die Gefahren, die von Schadstoffen ausgehen, können durch Verdünnung auf ein zumutbares Maß reduziert werden. Je nach Art der Entsorgung treten jedoch vorübergehend hohe lokale Belastungen auf, die Mensch und Umwelt schädigen können, zum Beispiel beim Auseinanderbrechen von Behältern am Meeresgrund.
- Es besteht keine Kontrolle darüber, ob sich die Schadstoffe, die man zuvor verteilt hat, nicht doch wieder irgendwo aufkonzentrieren, beispielsweise über die Nahrungskette in bestimmten Organismen.

Die End- bzw. Tiefenlagerung kann so interpretiert werden, als laufe sie langfristig auf eine Verdünnung der Radionuklide in der Erdkruste (Lithosphäre) hinaus. Dem steht jedoch das Konzept des einschlusswirksamen Gebirgsbereichs (ewG) entgegen, in dem die Abfälle über sehr lange Zeiträume konzentriert gelagert werden sollen. Während sich die Schadstoffe gemäß den heute vorliegenden Sicherheitsnachweisen durch die technischen Barrieren stark verzögert und sehr langsam im ewG ausbreiten, nehmen die Radioaktivität und die Radiotoxizität der hoch radioaktiven Abfälle im End- oder Tiefenlager zudem deutlich ab.

5.1.3 Sicher und gerecht entsorgen

Auf dem Weg zum Ziel der Entsorgung, also dem dauerhaften Schutz von Mensch und Umwelt, müssen verschiedene Grundsätze beachtet werden. Eine wichtige Rolle spielt dabei der Grundsatz der „Gerechtigkeit".

Während des Anfalls der hoch radioaktiven Abfälle haben viele Menschen von der in Kernkraftwerken produzierten Elektrizität profitiert. Werden die Abfälle an einem Standort entsorgt, werden jedoch spezifisch die aktuellen und künftigen Anwohner dieses Standorts erhöhten Risiken ausgesetzt. Diese Risiken gehen beispielsweise auf Emissionen wie Lärm, Staub und ionisierende Strahlung, aber auch auf Stör- bzw. Unfälle zurück, die mit dem Bau und dem Betrieb einer Entsorgungsanlage verbunden sind. Zudem können Konflikte um den richtigen Weg der Entsorgung mit psychosozialen Risiken für die Menschen in der Standortregion verbunden sein. Gerechtigkeit soll hier vor allem mit einem fairen Standortauswahlverfahren geschaffen werden, das Betroffene mit einbezieht. Zudem sind Kompensationen ein Instrument, um Nachteile für die Bewohner von Standorten von End- und Tiefenlagern oder Oberflächenlagern auszugleichen.

In der Diskussion über Kompensationen rücken statt kurzfristigen finanziellen Kompensationen zunehmend längerfristig wirksame Kompensationen in den Vordergrund, die den betroffenen Standortregionen zusätzliche Entwicklungsperspektiven bieten. In diesem Kontext können auch Vor- und Nachteile abgewogen werden, die eine Entsorgungsanlage mit sich bringt. Risiken, die als unzumutbar beurteilt werden (siehe Abschn. 5.1.1), sind dagegen nicht zulässig und dürfen daher auch nicht gegen Vorteile und Chancen abgewogen werden.

Die Verpflichtung zu Gerechtigkeit zwischen Generationen kann unterschiedlich interpretiert werden. Befürworter eines Endlagers argumentieren, dass Gerechtigkeit für künftige Generationen geschaffen wird, indem diese Generationen mit einem wartungsfreien Endlager von Verpflichtungen entlastet werden, die ihren Handlungsspielraum einschränken würden. Befürworter einer dauerhaften Oberflächenlagerung argumentieren, dass künftigen Generationen Handlungsspielraum erhalten bleibt, wenn sie jederzeit mit den Abfällen so umgehen können, wie sie es für richtig halten.

Die Frage, wie Handlungsspielräume für künftige Generationen zu gewährleisten sind, ist eng verknüpft mit der Frage, welche Szenarien für die künftige Entwicklung der Gesellschaft als plausibel betrachtet werden. Wer in stabile gesellschaftliche Verhältnisse, wissenschaftlich-technischen Fortschritt, der Mensch und Gesellschaft nutzt, sowie eine ausreichende Verfügbarkeit von Ressourcen vertraut, für den liegt eine Entsorgungsoption nahe, bei der Menschen die Sicherheit der Entsorgung aktiv gewährleisten. Bei diesem Szenario ist zudem plausibel, dass aufgrund des wissenschaftlichen und technologischen Fortschritts in überschaubaren Zeiträumen bessere Entsorgungsoptionen entwickelt werden, als sie heute zur Verfügung stehen. In diesem Fall ist das Oberflächenlager eine naheliegende Option. Wer dagegen auch Szenarien für plausibel hält, in denen Gesellschaften instabil werden und ein Mangel an Ressourcen auftritt, wird eher für eine Lösung eintreten, die passive Sicherheit gewährleistet – wie das Endlager.

5.2 Welche Risiken sind akzeptabel?

5.2.1 Drei Begriffe – viele Bedeutungen

Die Begriffe „Risiko" und „Sicherheit" werden in unterschiedlichen Fachdisziplinen und Kontexten unterschiedlich definiert und verwendet. So findet man für „Risiko" Umschreibungen wie „der bewusste Umgang mit Ungewissheiten", „das Produkt aus

Schadenausmaß und Eintrittswahrscheinlichkeit", „die Beeinträchtigung der Zielerreichung durch Unsicherheiten", „die Wahrscheinlichkeit eines negativen Ereignisses" oder „die Konsequenz von Verletzlichkeiten". „Sicherheit" wird beispielsweise festgestellt, wenn „das Risiko akzeptabel ist", „kein Risiko besteht", „kein Restrisiko mit sehr hohem Schadensausmaß existiert", „alle relevanten Vorschriften eingehalten sind", „alle Schäden versichert sind, die nicht selbst getragen werden können" oder „das Risiko von den Betroffenen akzeptiert wird". Wer von Risiko und Sicherheit spricht, muss also zunächst einmal Klarheit darüber schaffen, wie diese Begriffe verwendet werden sollen.

Risiko Im Folgenden wird von Risiko gesprochen, wenn ein Schaden mit einer gewissen Wahrscheinlichkeit eintreten oder nicht eintreten kann. Kalkulierbare Risiken sind einschätzbar. Das bedeutet, dass sich der Schaden und die Eintrittswahrscheinlichkeit quantifizieren oder zumindest in Kategorien wie „gering" oder „sehr groß" einordnen lassen. „Diffuse Risiken" liegen vor, wenn zu wenige Informationen verfügbar sind, um den Schaden bzw. die Eintrittswahrscheinlichkeit einschätzen zu können. Von „unbekannten Risiken" ist die Rede, wenn weder der Schaden noch die Eintrittswahrscheinlichkeit abschätzbar sind (Eckhardt und Rippe 2016).

Sicherheit Sicherheit besteht, wenn das Risiko akzeptabel ist. Welches Risiko als akzeptabel zu betrachten ist, wird in der Regel im Recht oder in Regelungen, die dem Recht nachgeordnet sind, wie beispielsweise behördlichen Richtlinien, festgelegt. Sicherheit bedeutet also nicht, dass keine Risiken existieren oder alle Risiken ausgeräumt worden wären. Wenn das Risiko im nicht-akzeptablen Bereich liegt, müssen jedoch Maßnahmen ergriffen werden, um es auf ein akzeptables Maß zu vermindern und damit Sicherheit zu erreichen (Eckhardt und Rippe 2016, S. 21).

Ungewissheit Ungewissheit ist ein Mangel an Information zur bestehenden Situation oder zu künftigen Entwicklungen, der es verunmöglicht, Risiken einzuschätzen (Eckhardt und Rippe 2016, S. 19). Bei der Beurteilung von Entsorgungspfaden kommt den Ungewissheiten große Bedeutung zu. Der wichtigste Grund dafür ist, dass der Schutz vor den schädigenden Auswirkungen hoch radioaktiver Abfälle für lange Zeiträume gewährleistet sein muss. Diese langen Zeiträume erschweren Prognosen zur Entwicklung des Entsorgungspfades und von Entsorgungsoptionen.

5.2.2 Lange Zeiträume verstärken Ungewissheiten

In Abschn. 3.1 wurde bereits erwähnt, dass die Prognosen für das Endlager in Deutschland bis zu einer Standortfestlegung um das Jahr 2058 und einer Inbetriebnahme nach 2080 reichen. Als weiteres Beispiel wird hier die Schweiz angeführt, bei der die Standortwahl für ein geologisches Tiefenlager bereits fortgeschritten ist.

Der Verschluss des Gesamtlagers wird demnach zwischen 2120 und 2130 erwartet, vgl. Abb. 5.2. Da die Dauer der Beobachtungsphase nicht festgelegt ist, könnte der Verschluss aber auch erst später erfolgen. Über das Ende der Beobachtungsphase und eine eventuelle weitere befristete Überwachung entscheidet die schweizerische Regierung, der Bundesrat.

5.2 Welche Risiken sind akzeptabel?

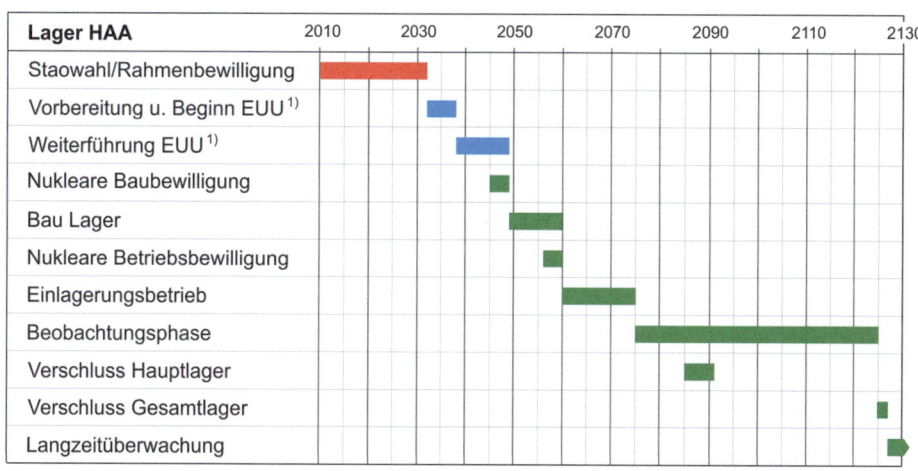

Abb. 5.2 Zeitplan für die Realisierung eines Tiefenlagers in der Schweiz (Nagra 2019)

Der Zeitraum bis zum Verschluss des Lagers beträgt also in Deutschland und der Schweiz ungefähr 100 Jahre. Bezogen auf gesellschaftliche Entwicklungen sind 100 Jahre ein langer Zeitraum, in dem tief greifende Veränderungen möglich sind. Rückblickend hat Deutschland in den letzten 100 Jahren beispielsweise die unmittelbaren Nachwirkungen des ersten Weltkriegs und den zweiten Weltkrieg erlebt, die Wiedervereinigung von BRD und DDR und den Wechsel der Währung von der Deutschen Mark zum Euro. Verschiedene Technologien sind entstanden oder haben sich stark weiterentwickelt. In der Luftfahrt wurden für Langstreckenflüge die Zeppeline durch Flugzeuge abgelöst, darunter vorübergehend auch Überschall-Passagierflugzeuge. Der Luftverkehr nahm rasant zu. Computer wurden mit großer Geschwindigkeit weiterentwickelt – von einzelnen großen und kostspieligen Anlagen bis zu den heutigen Geräten wie Smartphones, die im beruflichen und privaten Umfeld der meisten Bewohner Deutschlands allgegenwärtig und via Internet miteinander vernetzt sind. Neben politischen und technologischen Entwicklungen verändert sich gegenwärtig auch die Umwelt aufgrund direkter und indirekter menschlicher Einwirkungen deutlich. Der Klimawandel wirkt sich global auf meteorologische Gegebenheiten aus und erhöht die Bedrohung durch Naturgefahren, Ökosysteme wandeln sich, der Meeresspiegel steigt an. Welche Folgen dies nach sich zieht, beispielsweise aufgrund von Migrationsbewegungen von Menschen und anderen Lebewesen, ist bisher kaum absehbar. Die Ungewissheiten zu den jeweiligen Rahmenbedingungen, die das Standortauswahlverfahren, den Bau und den Betrieb eines End-, Tiefen- oder Oberflächenlagers begleiten, sind also sehr groß.

Durch Menschen verursachte Entwicklungen sind auch nach dem Verschluss eines End- oder Tiefenlagers von Bedeutung. Bereits gegenwärtig drängen Menschen mit einer Vielzahl von Entwicklungen in den tieferen Untergrund. Beispiele sind die

Tiefengeothermie, die Speicherung von Kohlendioxid, die Wasserstoffspeicherung, die Förderung seltener Rohstoffe oder die Nutzung von Tiefengrundwässern. Der untiefe Untergrund bietet sich in dicht besiedelten Regionen als Raumreserve an und ermöglicht es auch, unerwünschten Auswirkungen des Klimawandels wie großer Sommerhitze auszuweichen. Bei der Realisierung eines End- oder Tiefenlagers müssen daher zunehmend auch Einwirkungen in Betracht gezogen werden, die von den sich abzeichnenden vielfältigen Aktivitäten von Menschen im Untergrund stammen.

Unabhängig von menschlichen Einwirkungen nimmt nach dem Verschluss eines Endbzw. Tiefenlagers die Prognostizierbarkeit des Verhaltens der technischen Barrieren, die Zuverlässigkeit von Prognosen zu den geologischen Barrieren und die Aussagekraft von Risikoanalysen über den Zeitraum von einer Million Jahren, über den die Abfälle sicher gelagert werden sollen, ab.

Den Ungewissheiten muss daher bei der Entsorgung hoch radioaktiver Abfälle besondere Aufmerksamkeit geschenkt werden.

5.2.3 Risikoansichten

Wie Menschen Risiken wahrnehmen und einschätzen, wurde in den vergangenen Jahrzehnten eingehender erforscht. Modelle bilden ab, wie das Zusammenwirken verschiedener Einflüsse auf Menschen und wie Merkmale von Menschen die individuelle Einschätzung von Risiken und die Einschätzung von Risiken in gesellschaftlichen Gruppen beeinflussen.

Ein klares übersichtliches Modell, das beschreibt, wie Risiken eingeschätzt werden, ist das Modell der „Risikoansichten". Demnach verbinden sich bei jeder einzelnen Person bewusste und unbewusste Wahrnehmungen mit Urteilen und Abwägungsprozessen zu Risikoansichten. Risikoansichten sind das Ergebnis eines Meinungsbildungsprozesses. Es handelt sich um reflektierte, aktive Einschätzungen eines Risikos. Die Person, die eine Risikoansicht vertritt, hält diese Ansicht für richtig. Warum dies so ist, kann sie aber in der Regel nicht hinreichend bergründen, denn neben bewussten Überlegungen und Abwägungen liegen einer Risikoansicht immer auch Werthaltungen zugrunde und weitgehend unbewusste Vorgänge wie Wahrnehmungsphänomene oder der Gebrauch von Heuristiken (Marti 2016).

Risikoansichten werden geprägt durch Merkmale der Person, der Risikoquelle und der gesellschaftlichen Rahmenbedingungen, wie in Abb. 5.3 dargestellt ist.

Radiologische Risiken, die mit der Entsorgung hoch radioaktiver Abfälle in Zusammenhang stehen, verfügen über eine Reihe von Merkmalen, die üblicherweise dazu führen, dass Menschen das Risiko als hoch oder sogar nicht akzeptabel einschätzen:

- Radioaktivität ist mit den menschlichen Sinnen nicht direkt wahrnehmbar. Für Betroffene ist es daher schwierig, die entsprechenden Gefahren zu kontrollieren.
- Bei der Entsorgung hoch radioaktiver Abfälle sind Unfälle mit schweren Auswirkungen möglich. Entsprechende Szenarien, beispielsweise die Verseuchung des

5.2 Welche Risiken sind akzeptabel?

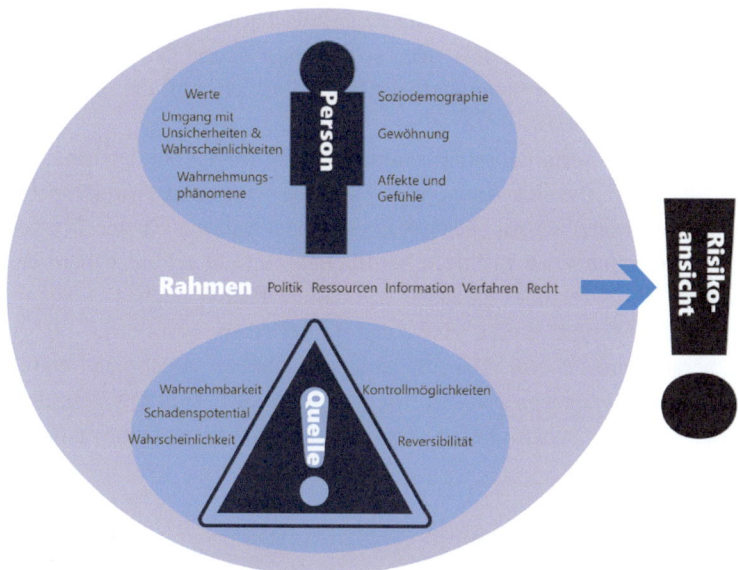

Abb. 5.3 Merkmale, die Risikoansichten prägen (Marti 2016, S. 21)

Rheins durch ein Tiefenlager in der Schweiz (TFS 2017) werden von Personen, die sich beruflich mit den Risiken der Entsorgung befassen, als nicht plausibel beurteilt, sind jedoch vorstellbar.
- Die Risiken, die sich mit ionisierender Strahlung verbinden, sind besonders groß für Ungeborene und Kinder. Sie betreffen daher sowohl schwächere Mitglieder der Gesellschaft, die allgemein als besonders schutzbedürftig beurteilt werden, als auch künftige Generationen.
- Ionisierende Strahlung kann Schäden verursachen, die sich erst längerfristig zeigen, beispielsweise eine Krebserkrankung, die Jahre nach der Strahlenexposition diagnostiziert wird.
- Manche gesundheitlichen Schäden bei Menschen, die durch Radioaktivität verursacht wurden, lassen sich nicht rückgängig machen, beispielsweise genetische Schäden bei Neugeborenen.
- Die Freiwilligkeit, mit der das Risiko eingegangen wird, ist gering.
- Eindeutige, zweifelsfreie Informationen über das Risiko zu erhalten, ist nicht möglich, weil das Meinungsspektrum über die Gefährlichkeit ionisierender Strahlung selbst unter Fachleuten breit ist.

Gesellschaftliche Rahmenbedingungen beeinflussen Risikoansichten teils kurz-, teils längerfristig. Kurzfristig führen beispielsweise Unfälle in Entsorgungsanlagen oder Zweifel an der Integrität von Personen, die Verantwortung bei der Entsorgung wahrnehmen, dazu, dass das Risiko als bedrohlicher und weniger akzeptabel wahrgenommen wird. Längerfristig können drängende andere gesellschaftliche Aufgaben, beispielsweise die Bewältigung des Klimawandels oder sozioökonomische Problemlagen, dazu führen, dass die Entsorgung eher als untergeordnetes Problem und das Risiko als weniger gewichtig eingeschätzt wird.

Menschen, die sich beruflich mit Risiken befassen, folgen bei der Einschätzung dieser Risiken Methoden, die sich – aus guten Gründen – in ihrem professionellen Umfeld bewährt und durchgesetzt haben. Dies gilt in der Regel aber nur für den Typ von Risiken, mit dem sie es üblicherweise in ihrem beruflichen Umfeld zu tun haben. Bei anderen Risiken handeln diese Personen genauso wie „Nicht-Profis" auch. Die Unterscheidung zwischen „Experten" und „Laien" ist daher bei Risiken wenig sinnvoll. Aus dieser Erkenntnis heraus sprechen vor allem Sozialwissenschaftler zunehmend von „Spezialisten" für bestimmte Typen von Risiken, die gefordert sind, sich mit Vertreterinnen und Vertretern der Zivilgesellschaft über die Einschätzung von Risiken zu verständigen.

5.2.4 Einschätzung von Risiken

Bei einem End- oder Tiefenlager handelt es sich um eine verhältnismäßig komplexe Anlage, die aus über- und untertägigen Anlagen besteht. Um die Risiken, die mit Anlagen verbunden sind, in denen mit gefährlichen Stoffen umgegangen wird und in denen gefährliche Stoffe lagern, zu ermitteln, haben sich Verfahren für Risikoanalysen etabliert. Diese Verfahren wurden im Lauf der letzten Jahrzehnte immer weiter verfeinert.

Deterministische Risiko- oder Sicherheitsanalysen, wie sie etwa bei Chemieanlagen oder Kernkraftwerken zum Einsatz kommen, beruhen auf Erfahrungen mit vergleichbaren Anlagen und Komponenten. Für definierte Ereignisabläufe muss gezeigt werden, dass die Schutzziele für die Anlage, wie sie durch rechtliche Regelungen oder behördliche Richtlinien vorgegeben sind, eingehalten werden. Dabei wird auch geprüft, ob bestehende Anforderungen an eine Anlage, wie sie etwa in Brandschutzvorschriften niedergelegt sind, eingehalten werden.

Mit probabilistischen Risiko- oder Sicherheitsanalysen soll das Verhalten der Anlage nachgebildet werden. Dabei werden sowohl die Beiträge technischer Komponenten als auch das menschliche Verhalten einbezogen und eine große Anzahl von Wirkungsketten durchgespielt. Probabilistische Analysen erlauben es nicht nur, das Gesamtrisiko einer Anlage einzuschätzen, sondern liefern beispielsweise auch Hinweise darauf, wo Maßnahmen mit welcher Priorität zur Verbesserung der Anlagensicherheit erforderlich sind bzw. ansetzen sollten oder wie die Sicherheitsrelevanz von Vorkommnissen einzuschätzen ist.

Probabilistische und deterministische Analysen ergänzen einander, indem die Risiken einer Anlage aus unterschiedlichen Perspektiven betrachtet werden.

Zur Bewertung der Langzeitsicherheit von End- bzw. Tiefenlagern hat sich international der sogenannte Sicherheitsnachweis (Safety Case) etabliert, dessen Elemente

5.2 Welche Risiken sind akzeptabel?

Abb. 5.4 zeigt. Die im deutschen Standortauswahlgesetz geforderten Sicherheitsuntersuchungen dürften einem solchen Sicherheitsnachweis entsprechen.

Beim Sicherheitsnachweis wird die Sicherheit eines Vorhabens strukturiert analysiert und abschließend eine Bewertung aufgrund aller vorliegenden Ergebnisse und Argumente vorgenommen. Neben den Risiken werden auch die Ungewissheiten untersucht und Wissenslücken identifiziert, die ggf. im weiteren Verlauf eines Verfahrens geschlossen werden müssen.

Der Safety Case soll in unterschiedlichen Phasen der Realisierung einer Entsorgungsanlage zum Einsatz kommen – von verschiedenen Etappen des Standortauswahlverfahrens bis zur Entscheidung zum Verschluss eines End- oder Tiefenlagers oder zur Aufhebung eines Oberflächenlagers. Er dient dabei als Entscheidungsgrundlage für die mit der Entsorgung beauftragten Organisation. Dabei handelt es sich in Deutschland um die Bundesgesellschaft für Endlagerung (BGE), in der Schweiz um die Nationale Genossenschaft für die Lagerung radioaktiver Abfälle (Nagra). Als Entscheidungsgrundlage ist er zudem für die zuständigen Aufsichtsbehörden relevant und in vielen Fällen auch für politische Entscheidungsträger.

Im Diskurs um Risiko und Sicherheit von Entsorgungsanlagen sind die Risiko- und Sicherheitsanalysen, darunter speziell der Sicherheitsnachweis immer wieder Kritik ausgesetzt (Röhlig et al. 2018). Kritisiert wird beispielsweise, dass die sehr umfangreichen Sicherheitsnachweise für die interessierte Öffentlichkeit und kritische Experten zu wenig transparent seien. Kritisiert wird die Rolle von Experteneinschätzungen beim Nachweis der Sicherheit, die Möglichkeiten zur Manipulation der Ergebnisse biete. Die

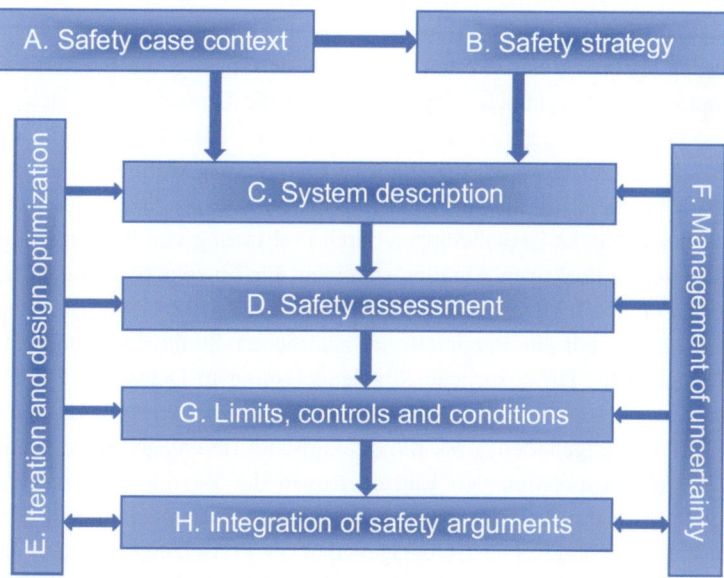

Abb. 5.4 Elemente des Safety Case (IAEA 2012, S. 16)

Verwendung von Konservativitäten sei wenig transparent und könne sich bei bestimmten Ereignissen möglicherweise als kontraproduktiv erweisen. Entscheidende Ungewissheiten, beispielsweise zum menschlichen Eindringen in ein End- oder Tiefenlager, würden zu wenig differenziert behandelt.

Daher bestehen Bestrebungen, interessierte Akteure und Stakeholder stärker als bisher in die Entwicklung von Sicherheitsnachweisen einzubeziehen. Regeln dafür, wie verschiedene Akteure fair in ein Verfahren einbezogen werden können, sind mittlerweile aus anderen partizipativen Verfahren bekannt. Diese Regeln sind erprobt, beispielsweise in der Deponie- oder Verkehrsplanung, und werden laufend weiterentwickelt. Offen ist dagegen noch, wie die Vor- und Nachteile des Einbezugs eines breiten Spektrums von Akteuren in sicherheitsrelevante Entscheidungen zu beurteilen sind und gegeneinander abgewogen werden können (Röhlig et al. 2018).

5.2.5 Beurteilung von Risiken

Im Rahmen von Sicherheitsuntersuchungen und Sicherheitsnachweisen werden Risiken, die mit der Entsorgung hoch radioaktiver Abfälle verbunden sind, quantifiziert. Zur Beurteilung, ob diese Risiken akzeptabel sind oder nicht, werden häufig Grenzwerte beigezogen.

Grenzwerte werden in der Regel von Spezialisten aus beratenden Gremien oder Behörden vorgeschlagen und anschließend in einem politischen oder behördlichen Prozess festgesetzt. Neue wissenschaftliche Erkenntnisse oder Veränderungen in der Einschätzung der Akzeptabilität von Risiken können dazu führen, dass Grenzwerte verändert werden.

Die Festlegung von Grenzwerten orientiert sich häufig an Risiken, die in der Natur auftreten. Der menschliche Organismus und die Umwelt haben sich an die entsprechenden Gefahren angepasst, was aber nicht heißt, dass deshalb kein Risiko mehr besteht. Die „Sicherheitsanforderungen an die Endlagerung wärmeentwickelnder radioaktiver Abfälle" fordern, für die Nachverschlussphase eines Endlagers sei nachzuweisen, „dass für wahrscheinliche Entwicklungen durch Freisetzung von Radionukliden, die aus den eingelagerten radioaktiven Abfällen stammen, für Einzelpersonen der Bevölkerung nur eine zusätzliche effektive Dosis im Bereich von 10 Mikrosievert im Jahr auftreten kann". Diese Dosis gilt im Vergleich zur natürlichen Strahlenbelastung als „trivial" (BMU 2010, S. 11 f.). Die natürliche Strahlenbelastung in Deutschland beträgt durchschnittlich 2.1 mSv pro Jahr (BfS 2019). In der Richtlinie der schweizerischen Aufsichtsbehörde ENSI ist festgehalten, dass die geologische Tiefenlagerung nur eine geringe zusätzliche Strahlenexposition von Einzelpersonen der Bevölkerung zur Folge haben darf. Für jede als wahrscheinlich eingestufte zukünftige Entwicklung in der Nachverschlussphase eines geologischen Tiefenlagers darf die Freisetzung von Radionukliden zu keiner Individualdosis führen, die 0.1 mSv pro Jahr überschreitet (ENSI 2009, S. 2–3).

Neben der Orientierung an natürlichen Voraussetzungen wird die Festlegung von Grenzwerten auch durch Kosten-Nutzen-Aspekte beeinflusst. Dabei stehen sich grundsätzlich zwei Positionen gegenüber: „Grenzwerte sind so festzulegen, dass durch ihr Einhalten mit technischen Mitteln ein akzeptables Kosten-Nutzen-Verhältnis erreicht wird" versus „Grenzwert soll das sein, was technisch erreichbar ist. Kosten spielen dabei keine Rolle" (Brunnengräber et al. 2015, S. 6). Zwischen diesen beiden Positionen wird in der Regel ein Mittelweg gesucht, um zu bestimmen, welche Risiken als akzeptabel gelten und welche nicht.

Grenzwerte alleine reichen zur Beurteilung von Risiken jedoch nicht aus. Bei der Beurteilung komplexerer Vorhaben und Anlagen kommen heute verschiedene Ansätze zum Einsatz, mit denen Risiken ganzheitlich beurteilt werden sollen. Dazu gehört der bereits erwähnte Safety Case. Im Rahmen dieser Ansätze werden vielfach auch Wissenslücken identifiziert, die im Verlauf eines schrittweisen Vorgehens geschlossen werden sollen. Teilweise werden auch Chancen und Risiken, Nutzen und Kosten gegeneinander abgewogen, wie beispielsweise bei Untersuchungen zur Technikfolgenabschätzung.

Die aktuellen Verfahren zur Sicherheitsbeurteilung von Kernkraftwerken liefern Anhaltspunkte dafür, wie die ganzheitliche Beurteilung eines End-, Tiefen- oder Oberflächenlagers während dessen Betrieb angegangen werden muss. Neben der Einhaltung von Auslegungs- und Betriebsvorgaben sollten bei einer systematischen Sicherheitsbewertung auch Zustand und Verhalten der Anlage sowie Zustand und Verhalten im Bereich Mensch und Organisation einbezogen werden (ENSI 2014).

5.2.6 Sicherheit ermitteln oder Sicherheit aushandeln?

Bestrebungen, interessierte Akteure und Stakeholder stärker als bisher in die Entwicklung von Sicherheitsnachweisen einzubeziehen (Röhlig et al. 2018), wurden bereits angesprochen. Angesichts internationaler Entwicklungen bei den Standortauswahlverfahren für End- oder Tiefenlager für hoch radioaktive Abfälle ist das nicht überraschend. Die Notwendigkeit von Partizipation bei der Standortauswahl wird zunehmend anerkannt. In Schweden wurde ein Standortauswahlverfahren mit partizipativen Elementen mit Erfolg durchgeführt, in der Schweiz ist ein solches Verfahren, der Sachplan geologische Tiefenlager, bereits weit fortgeschritten. Auch in Deutschland wurde inzwischen ein neuer Weg beschritten. 2017 trat die aktuelle Fassung des Standortauswahlgesetzes in Kraft, das darauf abzielt, einen Standort für ein Endlager für hochradioaktive Abfälle zu finden. Das Gesetz sieht ein transparentes Standortauswahlverfahren mit einem hohen Maß an Öffentlichkeitsbeteiligung vor.

Soll diese Öffentlichkeitsbeteiligung auch Sicherheitsuntersuchungen und -nachweise umfassen?

Für das Einbeziehen unterschiedlicher Risikoansichten in Sicherheitsuntersuchungen und -nachweise spricht, dass ein Standort für eine Entsorgungsanlage oder eine Entsorgungsanlage selbst nicht akzeptabel sein können, wenn die betroffene Bevölkerung ernsthafte Zweifel an ihrer Sicherheit hat. Spezialisten („Experten") äußern immer wieder unterschiedliche Meinungen zu wissenschaftlich-technischen Fragen der Entsorgung. Dadurch entsteht der Eindruck, wissenschaftliche Expertise sei nicht zuverlässig oder mit wissenschaftlicher Expertise könne alles bewiesen werden. In einer Situation, in der Personen, die sich beruflich mit den Risiken befassen, keine verlässliche Orientierung vermitteln können, scheint es daher unumgänglich, zumindest die von Risiken direkt Betroffenen in Risikoeinschätzungen und -beurteilungen einzubinden.

Wenn ein breites Spektrum von Risikoansichten bei der Analyse und Beurteilung von Risiken einbezogen wird, kommt dies robusten Entsorgungsoptionen und -pfaden und damit der Sicherheit bei der Entsorgung hoch radioaktiver Abfälle insgesamt zugute. Partizipation erhöht im Allgemeinen die Akzeptanz für ein Verfahren. Damit trägt sie zu einer zügigen Standortauswahl und einer raschen Realisierung einer Entsorgungsanlage bei. Eine gute Akzeptanz lässt auch weniger Sicherungsprobleme erwarten, die darauf zurückgehen, dass sich Teile der Bevölkerung gegen eine Standortauswahl oder gegen eine Entsorgungsanlage wenden.

Gegen eine breite Partizipation bei Sicherheitsuntersuchungen und -nachweisen spricht, dass viele Risikoansichten normative irrelevante Einflüsse und Merkmale widerspiegeln, zum Beispiel die Gewöhnung an das Risiko. Risikoansichten können durch Zufälligkeiten und kurzlebige Entwicklungen beeinflusst sein. Daher stellen sie keine gute Grundlage dar, um Gerechtigkeit zwischen Generationen zu gewährleisten. Gegen das Einbeziehen schnell wandelbarer Risikoansichten spricht auch, dass die Entsorgung hoch radioaktiver Abfälle langfristige Planungssicherheit erfordert. Fehlende Verbindlichkeit untergräbt die Glaubwürdigkeit von Verfahren und kann damit letztlich zu unerwünschten Verzögerungen bei der Entsorgung führen.

Auch wenn verschiedene Risikoansichten nicht direkt in Sicherheitsuntersuchungen und -nachweise einfließen, werden sie doch über politische Prozesse in die Risikobeurteilung und die der Beurteilung zugrunde liegende Rechtsetzung eingebunden. Wissenschaft und Forschung, Medien, parlamentarische und außerparlamentarische Gremien, Arbeitsgruppen, Plattformen für sicherheitsbezogene Diskussionen etc. nehmen Elemente unterschiedlicher Risikoansichten auf.

5.3 Ungewissheiten – oft unterschätzt

5.3.1 Worum geht es?

Wie „Risiko" und „Sicherheit" wird auch der Begriff „Ungewissheit" in verschiedenen Bedeutungen gebraucht. In der Philosophie und den Sozialwissenschaften fand und findet eine breite Auseinandersetzung mit dem Thema der Ungewissheiten statt. Diskussionsschwerpunkte liegen bei Fragen zu wissenschaftlichem Wissen und Nicht-Wissen sowie beim Vorsorgeprinzip, das im Umweltrecht mittlerweile eine wichtige Rolle spielt (Böschen 2019). Je nach Kontext lassen sich vielfältige Quellen von Ungewissheit identifizieren, die jeweils angepasste Ansätze zum Umgang mit Ungewissheiten erfordern (Grote 2009).

5.3 Ungewissheiten – oft unterschätzt

Bei der Entsorgung hoch radioaktiver Abfälle spielen Ungewissheiten eine bedeutende Rolle. Die wichtigsten Gründe dafür liegen – wie bereits angesprochen – darin, dass von der Standortwahl bis zum Verschluss eines End- oder Tiefenlagers mehrere Jahrzehnte, wenn nicht ein Jahrhundert verstreichen und dass ein einmal verschlossenes End- oder Tiefenlager für hoch radioaktive Abfälle über einen Zeitraum von einer Million Jahre Sicherheit für Mensch und Umwelt gewährleisten soll. Da nicht absehbar ist, ob in hunderttausend oder in einer Million Jahre noch Menschen auf der Erde existieren und wenn ja, wie die biologische oder biotechnische Konstitution dieser Menschen aussieht, kann die Verpflichtung zur sicheren Entsorgung über so lange Zeiträume nur als relativ abstrakte Anforderung verstanden werden: Es ist eine Entsorgungsanlage zu errichten und zu betreiben, die nach heutigem Stand des Wissens und der Technik und auf der Basis der bestehenden Erkenntnisse zu vergangenen Entwicklungen des Klimas, der Biosphäre und der Lithosphäre dazu in der Lage ist, über eine Million Jahre Sicherheit für Mensch und Umwelt zu gewährleisten.

Wenn der Entsorgungspfad zunächst zur Oberflächenlagerung führt, sind die Ungewissheiten anfänglich geringer als bei der End- oder Tiefenlagerung. Ein Oberflächenlager lässt sich voraussichtlich verhältnismäßig schnell realisieren und wird mit einem hohen Sicherheitsniveau mehr Schutz gegen unerwartete Einwirkungen bieten als die bestehenden Zwischenlager. Weil der weitere Entsorgungspfad jedoch vorerst offenbleibt, sind die Ungewissheiten, die sich mit der Oberflächenlagerung verbinden, ebenso wie bei der Endlagerung und der Tiefenlagerung groß.

Risiken und Ungewissheiten sind eng miteinander verknüpft. Von Risiken wird gesprochen, wenn die Möglichkeit eines Schadens besteht. Ob bzw. wann der Schaden tatsächlich eintreten wird, ist jedoch im Vorhinein nicht bekannt. Dazu können Ungewissheiten über die Wahrscheinlichkeit, mit der ein Schaden eintritt, kommen oder darüber, welches Ausmaß der Schaden annimmt. Ungewissheit ist ein Mangel an Information, der die Risikoeinschätzung verunmöglicht oder erschwert.

Für die Ungewissheiten, die sich aufgrund menschlicher Einwirkungen bei der Entsorgung hoch radioaktiver Abfälle ergeben, eignet sich eine einfache Klassifikation von Ungewissheiten nach Abb. 5.5.

	Informationen sind verfügbar	Informationen sind nicht verfügbar
Informationsstand wird verwendet	(bekannte Bekannte)	bekannte Unbekannte
Informationsstand wird nicht verwendet	unbekannte Bekannte	unbekannte Unbekannte

Abb. 5.5 Ungewissheiten und Verfügbarkeit von Informationen (Eckhardt und Rippe 2016, S. 57)

Bekannte Unbekannte beziehen sich auf Informationen, von denen bekannt ist, dass sie (noch) fehlen. Bei der Entsorgung hoch radioaktiver Abfälle in Deutschland und der Schweiz ist beispielsweise die genaue Beschaffenheit des einschlusswirksamen Gebirgsbereichs, in dem das künftige Endlager untergebracht wird, aus heutiger Sicht eine bekannte Unbekannte. Genauere Informationen über den einschlusswirksamen Gebirgsbereich werden im Verlauf des Standortauswahlverfahrens gewonnen und voraussichtlich später beim Bau des Lagers ergänzt.

Unbekannte Unbekannte bezeichnen dagegen „blinde Flecken". Es handelt sich um Informationen, von denen nicht bekannt ist, dass es sie gibt. Dass sich beispielsweise eines Tages die Möglichkeit ergeben würde, mit Werkzeugen wie der CRISP/Cas-Methode das menschliche Erbmaterial gezielt zu verändern, stellte vor 100 Jahren noch eine unbekannte Unbekannte dar.

Unbekannte Bekannte sind Informationen, die eigentlich vorhanden sind, aber nicht genutzt werden, zum Beispiel weil sie als unwesentlich oder störend betrachtet werden. Ein anschauliches Beispiel sind die Warnsteine, die in der Präfektur Fukushima anzeigen, mit welchen Tsunamihöhen zu rechnen ist. Bei der Auslegung der Kernkraftwerke von Fukushima Daiichi und bei vielen anderen Bauwerken in der Region wurden diese teils jahrhundertealten Warnungen aber nicht berücksichtigt.

Bei den bekannten Bekannten handelt es sich um Gewissheiten. Da auch bekannte Bekannte aber gelegentlich durch neue Entwicklungen infrage gestellt werden, sind sie in der Abbildung ebenfalls aufgeführt. Im Rahmen einer guten Sicherheitskultur werden auch bekannte Bekannte laufend hinterfragt. Auf Anzeichen, dass es sich bei vermeintlich bekannten Bekannten doch eigentlich um Unbekannte handelt, wird offen und schnell reagiert.

Menschen verursachen gesellschaftliche, wirtschaftliche und technologische Entwicklungen, aber auch Veränderungen der Natur, die zu Ungewissheiten bei der Entsorgung hoch radioaktiver Abfälle führen. Bei den Veränderungen der Natur wird gegenwärtig der Klimawandel besonders stark diskutiert, der sich unter anderem auf die Beschaffenheit der Biosphäre und die Bedrohung durch Naturgefahren auswirkt.

5.3.2 Umgang mit Ungewissheiten

Anders als kalkulierbare Risiken lassen sich Ungewissheiten nicht einschätzen. Nur bei bekannten Unbekannten ist es überhaupt möglich, Aussagen über die fehlenden Informationen zu machen. Auf der Grundlage solcher Aussagen kann eine verbal-argumentative Bewertung von bekannten Unbekannten vorgenommen werden.

Aufgrund der mangelnden Einschätzbarkeit lässt sich der Umgang mit Ungewissheiten nicht regulieren, indem – wie bei kalkulierbaren Risiken – Grenzwerte festgelegt werden. Aus ethischer Perspektive dürfen Ungewissheiten jedoch nicht ausgeblendet werden. Verantwortungsträger müssen immer bedenken, was sie wissen sollten und können und was sie nicht wissen. Auch Nicht-Wissen ist daher mit moralischen Verpflichtungen verbunden (Eckhardt und Rippe 2016, S. 36).

Prinzipiell stehen zum Umgang mit Ungewissheiten vier Ansätze zur Verfügung (in Anlehnung an Eckhardt und Rippe 2016):

1. Sichtbarkeit von Ungewissheiten verbessern
   Hierunter fallen Bemühungen, Ungewissheiten zu identifizieren und zu erfassen. Im Bereich der unbekannten Bekannten soll verhindert werden, dass Informationen nicht zur Kenntnis genommen werden, die für die Sicherheit der Entsorgung relevant sind. Wesentlich für die Sichtbarkeit von Ungewissheiten sind unter anderem eine gute Risk-Governance und die Pflege einer guten Sicherheitskultur. Risk-Governance bezeichnet Entscheidungsstrukturen für Risiken, in die alle relevanten Stakeholder einbezogen sind (Kuppler 2012).
2. Ungewissheiten vermeiden.
   Ungewissheiten lassen sich vermeiden, indem bei der Entsorgung hoch radioaktiver Abfälle auf bereits gut bekannte Techniken und Lösungsansätze zurückgegriffen wird.
3. Ungewissheiten vermindern.
   Ungewissheiten werden reduziert, indem zusätzliche Informationen gewonnen werden. Dies kann bei bekannten Unbekannten durch gezielte Untersuchungen oder Forschungsarbeiten geschehen. Bei unbekannten Unbekannten bietet Grundlagenforschung Voraussetzungen dafür, um blinde Flecken zu erkennen und mit Informationen zu füllen. Risk-Governance und Sicherheitskultur tragen dazu bei, dass neuen Informationen, die Unbekannte vermindern, ausreichende Aufmerksamkeit entgegengebracht wird.
4. Fähigkeiten zum Umgang mit Ungewissheiten stärken.
   Hier kommen Konzepte wie Resilienz oder Robustheit zum Zug. Ob deren Umsetzung gelingt, lässt sich beispielsweise mit Hilfe von Stresstests ermitteln.

5.3.3 Beurteilung von Ungewissheiten

Bei politischen Entscheidungen spielt die Beurteilung von Ungewissheiten oft eine wichtige Rolle. „Ist das Konzept der Endlagerung genügend ausgereift, um eine Entscheidung für diese Entsorgungsoption zu treffen?" „Sind die vorliegenden Informationen ausreichend, um sich für den Standort mit der bestmöglichen Sicherheit, wie in Deutschland gefordert, zu entscheiden?" „Ist der Sicherheitsnachweis belastbar genug, um auf seiner Grundlage Entscheidungen für den weiteren Entsorgungspfad zu treffen?"

In solchen Entscheidungssituationen lassen sich Ungewissheiten politisch nutzen, um unerwünschte Entscheidungen zu verhindern oder hinauszuzögern: „Die Endlagerung ist als Entsorgungsoption nicht geeignet, weil zu ihrer konkreten Realisierung noch offene technische Fragen bestehen." „Die verfügbaren Informationen lassen nicht ausschließen, dass es noch einen besser geeigneten Standort in Deutschland gibt." „Im Sicherheitsnachweis sind Ungewissheiten ausgewiesen, die zuerst ausgeräumt werden müssen, bevor der Nachweis akzeptiert werden kann."

Dass Ungewissheiten strategisch genutzt werden, um politische Entscheidungen hinauszuzögern, ist inzwischen durch wissenschaftliche Untersuchungen belegt. Das Instrument der zu großen Ungewissheiten wird dabei von verschiedenen Akteuren, zu denen sowohl Wirtschaftsvertreter als auch Politiker und NGO zählen, gebraucht (Böschen 2019).

Angesichts des verhältnismäßig langen Zeitraums, den der Entsorgungspfad für End- bzw. Tiefenlager vom Beginn des Standortauswahlprozesses bis zu deren Verschluss beansprucht, hat sich ein schrittweises Vorgehen etabliert, bei dem die zur Verfügung stehenden Informationen immer weiter konkretisiert werden. Um Konflikte über das für den jeweils nachfolgenden Schritt ausreichende Maß an Information zu vermeiden, ist ein strukturiertes Vorgehen empfehlenswert, bei dem von Vorneherein festgelegt ist, welche Informationen jeweils als Grundlage für den folgenden Schritt vorliegen müssen. Ein Nachteil dieses strukturierten Vorgehens liegt darin, dass Erkenntnisse aus späteren Schritten zuvor getroffene Entscheidungen infrage stellen können. Zeigt sich beispielsweise beim Genehmigungsverfahren für den Bau eines Endlagers, dass tief greifende konzeptionelle Anpassungen an der Anlage vorgenommen werden müssen, kann diese Entscheidung rückwirkend das Standortauswahlverfahren infrage stellen. Denn der Standort mit der bestmöglichen Sicherheit wurde für ein bestimmtes Lagerkonzept gesucht.

5.4 Sicherheit und Wirtschaftlichkeit

5.4.1 Wirtschaftlichkeit, ein vernachlässigter Wert?

Die Ausgestaltung von Entsorgungspfaden wird von Zielen und Grundsätzen geleitet (siehe Abschn. 5.1).

Im vorliegenden Buch steht das Ziel der „Sicherheit von Mensch und Umwelt" im Vordergrund, die als eigentlicher Leitwert der Entsorgung hoch radioaktiver Abfälle zu betrachten ist. Zur Ausgestaltung „sicherer" Entsorgungspfade existiert heute ein breites Spektrum an Untersuchungen sowie an Forschungs- und Entwicklungsarbeiten von vielfach bereits hohem Detaillierungsgrad. Dies betrifft vor allem die Zwischenlagerung und die Endlagerung. Zur sicheren Oberflächen- und Tiefenlagerung sind ebenfalls viele Grundlagen vorhanden, auch wenn bei diesen Optionen sicherheitsrelevante Aspekte noch vertiefter untersucht werden müssen. Bei der Tiefenlagerung besteht vor allem Untersuchungsbedarf zur sicherheitsgerichteten Ausgestaltung von Rückholbarkeit und Monitoring (siehe Kap. 4).

Auf dem Weg zur Erreichung des Ziels „Sicherheit für Mensch und Umwelt" spielt der Grundsatz der „Gerechtigkeit" eine wesentliche Rolle (siehe Abschn. 5.1.3). Gerechtigkeitsfragen im Zusammenhang mit der Entsorgung radioaktiver Abfälle werden seit Jahren in der Fachliteratur behandelt (siehe beispielsweise Ott und Smeddinck 2018; Riemann 2017; Shrader-Frechette 2000). In Deutschland hat sich inzwischen teilweise Konsens dazu herausgebildet, dass die Betroffenen in die Ausgestaltung von Entsorgungspfaden einbezogen werden sollen. Damit werden Lösungen angestrebt, die auch von den Betroffenen als gerecht angesehen werden. Weitgehende Einigkeit besteht darüber, dass Sicherheit über sehr lange Zeiträume zu gewährleisten ist, damit Gerechtigkeit zwischen heutigen und künftigen Generationen erreicht wird (Brauer 2018). In diesem Kontext ist Gerechtigkeit also der Sicherheit nicht nachgelagert, sondern bestimmt darüber, wie Sicherheit auszugestalten ist. Da in den Geistes- und Sozialwissenschaften unterschiedliche Gerechtigkeitstheorien existieren, bleiben unterschiedliche Ansichten darüber, wie ein „gerechter" Entsorgungspfad zu gestalten ist, bestehen.

Der Vorrang der Sicherheit vor anderen Werten kann derzeit als weitgehend unbestritten gelten (siehe Abschn. 5.1.1). Unbestritten ist auch, dass bei der Entsorgung hoch radioaktiver Abfälle ein Entsorgungspfad einzuschlagen ist, der als gerecht zu beurteilen ist. Seltener wird dagegen ein weiterer Grundsatz angesprochen, der Grundsatz der Wirtschaftlichkeit. Während sich „Sicherheit" und „Gerechtigkeit" für viele mit „guten Absichten" verbinden, wird Personen, die für wirtschaftliche Lösungen eintreten, rasch unterstellt, Sicherheit und Gerechtigkeit durch „billige" Lösungen kompromittieren oder „zu ihrem eigenen Vorteil wirtschaften" zu wollen.

Tatsächlich ist Wirtschaftlichkeit jedoch ein wichtiges Element des von vielen hoch geschätzten aber oft diffus bleibenden Grundsatzes der „Nachhaltigkeit". Wirtschaftlichkeit bedeutet,

1. eine sichere und gerechte Lösung mit möglichst geringem Einsatz von Ressourcen zu erreichen oder
2. die zur Verfügung stehenden Ressourcen für einen möglichst sicheren und gerechten Entsorgungspfad einzusetzen.

Bei den erwähnten Ressourcen kann es sich zum Beispiel um finanzielle und technische Mittel handeln. Wesentlich sind in jedem Fall personelle Ressourcen, insbesondere das Fachwissen und die Fähigkeiten von Menschen, die sich mit der Entsorgung hoch radioaktiver Abfälle befassen.

Im ersten Fall, bei dem eine sichere und gerechte Lösung mit möglichst geringem Einsatz von Ressourcen erreicht werden soll (Modell 1, s. Abb. 5.6), ist Wirtschaftlichkeit dem Ziel der Sicherheit und dem Grundsatz der Gerechtigkeit eindeutig nachgeordnet. Für Sicherheit und Gerechtigkeit werden politisch Vorgaben gesetzt, die erreicht werden müssen, wie dies heute in den Sicherheitsanforderungen an die Endlagerung wärmeentwickelnder radioaktiver Abfälle (BMU 2010) und dem StandAG der Fall ist. Der nachgeordnete Grundsatz der Wirtschaftlichkeit kann daher nur dort zur Geltung kommen, wo es um die Ausgestaltung von Maßnahmen geht, die Sicherheit und Gerechtigkeit gewährleisten – oder bei Maßnahmen, die für Sicherheit und Gerechtigkeit irrelevant sind.

Im zweiten Fall (Modell 2, S. Abb. 5.7) geht es darum, die verfügbaren Ressourcen optimal einzusetzen. Hier bestimmt der Grundsatz der Wirtschaftlichkeit wesentlich darüber, welches Maß an Sicherheit und Gerechtigkeit erreicht werden kann, und nimmt daher bei der Ausgestaltung des Entsorgungspfades eine zentrale Rolle ein.

Modell 1

Ziel der Entsorgung	**Sicherheit**
Grundsatz für die Ausgestaltung des Entsorgungspfads	**Gerechtigkeit**
Vorgabe für Maßnahmen zur Erreichung des Ziels und zur Einhaltung des Grundsatzes	Wirtschaftlichkeit

Abb. 5.6 Verhältnis von Sicherheit, Gerechtigkeit und Wirtschaftlichkeit – Modell 1: Das übergeordnete Ziel der Entsorgung stellt die Sicherheit von Mensch und Umwelt dar. Ein wichtiger Grundsatz für die Ausgestaltung des Entsorgungspfads ist Gerechtigkeit. Maßnahmen zur Erreichung der Sicherheit und zur Umsetzung des Grundsatzes der Gerechtigkeit sollen möglichst wirtschaftlich ausgestaltet werden

5.4.2 Wirtschaftlichkeit glaubwürdig und nachvollziehbar umsetzen

Bei der Entsorgung hoch radioaktiver Abfälle in Deutschland wird heute – wie in vielen anderen Ländern – vordergründig allein Modell 1 verfolgt: Politische Instanzen der Legislative und Exekutive erlassen Vorgaben für einen sicheren und gerechten Entsorgungspfad. Wo Sicherheit und Gerechtigkeit auf dem Spiel stehen, dürfen Überlegungen zur Wirtschaftlichkeit lediglich eine untergeordnete Rolle spielen. In erster Linie sind die Entsorgungspflichtigen dafür verantwortlich, Maßnahmen zur Entsorgung hoch radioaktiver Abfälle auf dem Entsorgungspfad wirtschaftlich zu gestalten. Das „Gesetz zur Errichtung eines Fonds zur Finanzierung der kerntechnischen Entsorgung" setzt durch Verpflichtungen zur vorzeitigen Ratenzahlung und eine Nachschusspflicht

Abb. 5.7 Verhältnis von Sicherheit, Gerechtigkeit und Wirtschaftlichkeit – Modell 2: Sicherheit und Gerechtigkeit stellen wichtige Werte dar, denen die Entsorgung verpflichtet ist. Nachdem entschieden wurde, wie viele Ressourcen für die Entsorgung eingesetzt werden sollen, müssen diese Ressourcen so verwendet werden, dass ein möglichst hohes Maß an Sicherheit und nachgeordnet ein möglichst hohes Maß an Gerechtigkeit erzielt wird

Anreize zum wirtschaftlichen Umgang mit den im Entsorgungsfonds enthaltenen Mitteln (EntsorgFondsG 2017). Die Aufsichtsbehörden wachen in erster Linie über die Einhaltung der Vorgaben zur Sicherheit.

In der Realität greift allerdings auch Modell 2: Wenn politische Instanzen Vorgaben für Sicherheit und Gerechtigkeit erlassen, wägen sie explizit oder implizit Sicherheit und wirtschaftliche Faktoren gegeneinander ab. Die Entsorgungspflichtigen, die für die Entsorgung bezahlen, haben Anspruch auf Einhaltung des Verhältnismäßigkeitsprinzips. Demnach darf der Staat keine übermäßigen Forderungen an sie richten. Wenn der Staat für die Entsorgung aufkommt, ist zu beachten, dass er neben der Entsorgung hoch radioaktiver Abfälle viele andere wichtige und teilweise sicherheitsrelevante Probleme zu lösen hat, die ebenfalls Ressourcen beanspruchen.

Explizit könnte Modell 2 dann in den Vordergrund rücken, wenn die zur Entsorgung der hoch radioaktiven Abfälle zur Verfügung stehenden Ressourcen knapp werden. Das wäre beispielsweise dann der Fall, wenn die Bewältigung des Klimawandels den Staat so stark fordern würde, dass die Entsorgung hoch radioaktiver Abfälle in Deutschland deutlich an politischer Bedeutung und gesellschaftlicher Brisanz verlieren würde. Denkbar wäre, in einer solchen Situation die schnelle Endlagerung am bereits teilweise erkundeten Standort Gorleben oder an einem verfügbaren und geeignet erscheinenden Salzgewinnungsbergwerk umzusetzen. Damit ließe sich die Einschlusswirkung der allerdings nicht optimalen geologischen Barrieren nutzen, ohne dass ein neuer Standort gesucht werden müsste. Falls mehr Zeit und Mittel zur Verfügung stehen und dennoch eine dauerhafte Entsorgungslösung gesucht wird, die weniger Ressourcen beansprucht, liegt der Verzicht auf Monitoring und Rückholbarkeit nahe. Denkbar wäre bei Ressourcenknappheit möglicherweise auch die Oberflächenlagerung oder eine Lagerung in oberflächennahen Schichten des Untergrunds.

Zwischen verschiedenen Werten und Ansprüchen wie Sicherheit und Wirtschaftlichkeit abzuwägen und auf dieser Grundlage Entscheidungen für das Gemeinwesen zu treffen, ist eine zentrale politische Aufgabe. Nicht immer fühlen sich politische Entscheidungsträger in der Lage, in Situationen, deren Verständnis wissenschaftlich-technisches Wissen voraussetzt, selbst zu entscheiden. In der Realität kommt daher bei politischen Entscheidungen zum Entsorgungspfad dem Rat von Spezialisten („Experten") viel Gewicht zu.

Dass die Politik auf diese Weise Verantwortung an Spezialisten abgibt, deren Rolle nicht direkt demokratisch legitimiert ist, kann problematisch sein. In beratenden Gremien sind oft auch Spezialisten tätig, bei denen sich wirtschaftliche Interessen nicht ausschließen lassen. Selbst wenn Spezialisten zur Entsorgung hoch radioaktiver Abfälle in den Dialog mit der Öffentlichkeit treten und sich dem Spektrum der politisch relevanten Meinungen gegenüber öffnen, bleiben unterschiedliche Ansichten über die „richtige" Entsorgung bestehen (Hocke-Bergler und Gloede 2004). Die Spezialisten müssen sich dann in einem politisch geprägten Umfeld positionieren. Wenn Fachgremien politisch relevante Entscheidungen fällen, liegt es nahe, diese Gremien nicht mehr nur aufgrund fachlicher, sondern auch aufgrund politischer Kriterien zu besetzen.

In solchen Situationen ist es wesentlich, dass die Entscheidungsfindung in beratenden Gremien für die Zivilgesellschaft transparent und nachvollziehbar gestaltet ist. Das Verhältnis von Sicherheit, Gerechtigkeit und Wirtschaftlichkeit lässt sich damit sowohl von Politikern und Politikerinnen als auch von Akteuren der Zivilgesellschaft diskutieren und kontrollieren.

Generell verdient das Bestreben nach einem effizienten und effektiven Einsatz der Ressourcen bei der Entsorgung hoch radioaktiver Abfälle mehr Beachtung und Wertschätzung als dies heute der Fall ist. Wird der Entsorgungspfad – ohne Abstriche bei Sicherheit und Gerechtigkeit – mit geringerem Ressourceneinsatz beschritten, können Reserven für unerwartete Entwicklungen in der Zukunft aufgebaut und damit Vorsorge in Bezug auf Ungewissheiten bei der Entsorgung hoch radioaktiver Abfälle getroffen werden.

Literatur

BfS – Bundesamt für Strahlenschutz (2019): Wie hoch ist die natürliche Strahlenbelastung in Deutschland? http://www.bfs.de/DE/themen/ion/umwelt/natuerliche-strahlenbelastung/natuerliche-strahlenbelastung_node.html. (Abgerufen am 21.1.2019).

BMU – Bundesministerium für Umwelt, Naturschutz und Reaktorsicherheit (2010): Sicherheitsanforderungen an die Endlagerung wärmeentwickelnder radioaktiver Abfälle, Stand 30.9.2010. Bonn.

Böschen S. (2019): «Indicator politics»: non-knowledge in the context of ambitious sociotechnological solutions. In: Hocke, P., Kuppler, S., Hassel, T., Smeddinck, U. (Hrsg.) (2019 / i.E.): Technisches Monitoring und Long-term Governance. Nomos, Baden-Baden.

Brauer S. (2018): Schutzziele als ethische Fragen. Bericht im Auftrag des Bundesamtes für Energie. Brauer & Strub, Zürich.

Brunnengräber A., Hocke P., Kalmbach K., König C., Kuppler S., Röhlig K.J., Smeddinck U., Walther C.: Grenzwerte beim Umgang mit radioaktiven Reststoffen. Ein Thesenpapier. ITAS-ENTRIA-Arbeitsbericht 2015-01. http://www.itas.kit.edu/pub/v/2016/brua16a.pdf. (Abgerufen am 12.9.2018).

Eckhardt, A. & Rippe, K.P. (2016): Risiko und Ungewissheit bei der Entsorgung hochradioaktiver Abfälle. vdf-Verlag, Zürich.

ENSI – Eidgenössisches Nuklearsicherheitsinspektorat (2009): Spezifische Auslegungsgrundsätze für geologische Tiefenlager und Anforderungen an den Sicherheitsnachweis, Richtlinie ENSI-G03, Brugg.

ENSI (2014): Integrierte Aufsicht. ENSI-Bericht zur Aufsichtspraxis. ENSI-AN-8526. Brugg.

EntsorgFondsG (2017): Gesetz zur Errichtung eines Fonds zur Finanzierung der kerntechnischen Entsorgung (Entsorgungsfondsgesetz). Entsorgungsfondsgesetz vom 27. Januar 2017 (BGBl. I S. 114, 1676), das durch Artikel 1 der Verordnung vom 16. Juni 2017 (BGBl. I S. 1672) geändert worden ist. https://www.gesetze-im-internet.de/entsorgfondsg/EntsorgFondsG.pdf. (Abgerufen am 1.1.2019).

Grote G. (2009): Management of uncertainty. Theory and application in the design of systems and organizations. Springer. Dordrecht, Heidelberg, London, New York.

Hocke-Bergler, P., Gloede, F. (2004): Expertenhandeln in einer blockierten Entscheidungssituation. Zentrale Ergebnisse einer Evaluationsstudie über den «AkEnd» in Deutschland. Präsentation für den 5. Workshop des NEA-Forums on Stakeholder Confidence, 5. bis 8. Oktober 2004 in Hitzacker / Hamburg. http://www.itas.kit.edu/pub/v/2004/hogl04b.pdf (Abgerufen am 1.1.2019).

IAEA – International Atomic Energy Agency (1999): Inventory of radioactive waste disposals at sea. IAEA-TECDOC-1105. Wien.

IAEA (2012): The safety case and safety assessment for the disposal of radioactive waste. Specific Safety Guide. IAEA Safety Standards Series. No SSG-23. Wien.

IMO – International Maritime Organization (2018): Convention on the prevention of marine pollution by dumping of wastes and other matter. http://www.imo.org/en/OurWork/Environment/LCLP/Pages/default.aspx. (Abgerufen am 7.9.2018).

Kuppler, S. (2012): From government to governance? (Non-) Effects of deliberation on decision-making structures for nuclear waste management in Germany and Switzerland. Journal of Integrative Environmental Sciences. Volume 9, 2012 – Issue 2. S. 103-122.

Marti, M. (2016): Risikoansichten. ENTRIA-Arbeitsbericht-05, Hannover. ISSN Print: 2367-3532. ISSN Online: 2367-3540.

MIW – Ministerie van Infrastructuur en Waterstaat / Ministry of Infrastructure and the Environment (2016): The national programme for the management of radioactive waste and spent fuel. Den Haag.

Nagra – Nationale Genossenschaft für die Lagerung radioaktiver Abfälle (2015): Langzeitsicherheit – die Hauptaufgabe der Tiefenlagerung radioaktiver Abfälle. Wettingen.

Ott, K; Smeddinck, U. (2018): Umwelt, Gerechtigkeit, Freiwilligkeit – insbesondere bei der Realisierung eines Endlagers. Beiträge aus Ethik und Recht. Braunschweigische Rechtswissenschaftliche Studien. Berliner Wissenschafts-Verlag. Berlin.

Riemann M. (2017): Gerechtigkeit an der Oberfläche. In: Köhnke D., Reichardt M., Semper F. (Hrsg.) Zwischenlagerung hoch radioaktiver Abfälle. Energie in Naturwissenschaft, Technik, Wirtschaft und Gesellschaft. Springer, Wiesbaden.

Röhlig, K.-J.; Eckhardt, A.; Hocke, P. (2018): Safety case and transdisciplinary research. In: OECD/NEA (ed.): Current Understanding and Future Direction for the Geological Disposal of Radioactive Waste: The Integration Group for the Safety Case (IGSC). Symposium 2018. Symposium Proceedings. 10-11 October 2018, Rotterdam, The Netherlands. Paris: OECD/NEA, in preparation.

Shrader-Frechette, K. (2000): Duties to future generations, proxy consent, intra- and intergenerational equity: the case of nuclear waste. Volume20, Issue6, December 2000. S. 771-778.

TFS – Technisches Forum Sicherheit (2017): Frage 117: Verseuchung des Rheins. https://www.ensi.ch/de/technisches-forum/verseuchung-des-rheins/. (Abgerufen am 10.9.2018).

VROM – Ministerie van Volkshuisvesting, Ruimtelijke Ordening en Milieubeheer (1984): Radioactive Waste Policy in the Netherlands. An outline of the government's position. Den Haag.

Vergleichende Risikobewertung 6

Welche Entsorgungsoption und welcher Entsorgungspfad für hoch radioaktive Abfälle die Besten sind, hängt von den Werten ab, die der Beurteilung zugrunde liegen (siehe Abschn. 5.1). Ein gesellschaftlich breit anerkannter Wert ist der Schutz von Mensch und Umwelt. Ob eine Entsorgungsoption oder ein Entsorgungspfad als „gut" beurteilt werden, entscheidet sich deshalb vor allem daran, ob sie die geforderte Sicherheit für Mensch und Umwelt gewährleisten. „Sicherheit" ist ein nicht ganz einfaches Konstrukt, zu dem in der Gesellschaft unterschiedliche Auffassungen bestehen.

Dem Ziel „Schutz von Mensch und Umwelt" nachgelagert sind Grundsätze, die beschreiben, was auf dem Weg zur Erreichung des Ziels zu beachten ist. Solche Grundsätze können „Gerechtigkeit" (siehe Abschn. 5.1.3) sein und der „effiziente und nachhaltige Umgang mit Ressourcen" (siehe Abschn. 5.4). Die Grundsätze lassen sich in Verfahrensregeln umsetzen, zum Beispiel zum Einbezug der Betroffenen in wichtige Entscheidungen oder zum transparenten Umgang mit Informationen.

Die Bewertung der Sicherheit von Entsorgungsoptionen und -pfaden wird dadurch erschwert, dass sich die Entsorgung hoch radioaktiver Abfälle über lange Zeiträume erstreckt. Ein Standortauswahlprozess erfordert Jahre, ein Oberflächenlager wird während ca. 200 Jahren betrieben, zwischen der Entscheidung für einen Standort und dem Verschluss eines Tiefenlagers vergehen Jahrzehnte und ein Endlager soll letztlich über eine Million Jahre hinweg Sicherheit gewährleisten. Die Beurteilung der Sicherheit einer Entsorgungsoption oder eines Entsorgungspfades kann daher keine Momentaufnahme sein, sondern muss auf einen zeitlichen Verlauf ausgerichtet sein, in dem sich die Sicherheit verändert.

Im Folgenden wird dargestellt, wie eine Bewertung der Sicherheit über lange Zeiträume erfolgen kann – ganzheitlich und interdisziplinär.

6.1 Verlauf von Entsorgungspfaden

Die generischen Entsorgungsoptionen „Endlagerung", „Tiefenlagerung" und „Oberflächenlagerung" (siehe Abschn. 2.2) können Teil verschiedener Entsorgungspfade sein. Unter Umständen umfasst ein Entsorgungspfad mehrere Entsorgungsoptionen, zum Beispiel wenn die hoch radioaktiven Abfälle zunächst für ca. zweihundert Jahre in einem Oberflächenlager und anschließend in einem Endlager, das während der Oberflächenlagerung konzipiert und gebaut wurde, entsorgt werden. International sehen die meisten Entsorgungsprogramme jedoch vor, dass der Entsorgungspfad in den kommenden Jahrzehnten in eine Entsorgungsoption mündet, welche die sichere Entsorgung auf Dauer gewährleistet.

Um einen aussagekräftigen Vergleich von Entsorgungsoptionen zu erreichen, haben wir die Optionen „Endlagerung", „Tiefenlagerung" und „Oberflächenlagerung" jeweils in den Kontext eines spezifischen Entsorgungspfads gestellt, der sicherheitsgerichtet und aus heutiger Sicht für diese Optionen in Deutschland realistisch und umsetzbar ist. Dieser Entsorgungspfad erfasst

- den aufgrund bisheriger internationaler Erfahrungen anzunehmenden zeitlichen Ablauf für den Umgang mit den hoch radioaktiven Abfällen in Deutschland – vom Zeitpunkt der Entscheidung für einen Entsorgungspfad bis zu dessen Ende;
- die Anlagen, die für die Umsetzung des Entsorgungspfades erforderlich sind. Dazu zählen auch die Anlagen, die der jeweiligen Entsorgungsoption entsprechen (siehe Kap. 2), also das Endlager, das Tiefenlager oder das Oberflächenlager;
- die Sicherheitsanforderungen, die an den Umgang mit den hoch radioaktiven Abfällen und die dafür benötigten Anlagen gestellt werden. Grundlage dafür bilden vor allem die heutigen Genehmigungsanforderungen in Deutschland.

6.1.1 Entsorgungspfade für die End- und Tiefenlagerung

Bis ein End- oder Tiefenlager in Deutschland in Betrieb genommen werden kann, bedarf es noch eines erheblichen Zeitaufwands für die Standortsuche, die Genehmigungs- bzw. das Planfeststellungsverfahren und die Errichtung des Lagers. Wir gehen aufgrund bisheriger Erfahrungen davon aus, dass der von Thomauske (2016) genannte Zeitraum bis zur Inbetriebnahme eines Endlagers realistisch ist. In diesem Fall würde etwa 2080 mit der Einlagerung der hoch radioaktiven Abfälle begonnen. Bis dahin müssen die hoch radioaktiven Abfälle zwischengelagert werden. Die gegenwärtigen Zwischenlagergenehmigungen reichen für den benötigten Zeitraum nicht aus. Deshalb müssen neue Genehmigungen zur Zwischenlagerung erteilt werden. Eine Verlängerung der Genehmigung der bisherigen Zwischenlager für eine Betriebsdauer von 50 Jahren und mehr würde nach Überzeugung der Autoren den Stand von Wissenschaft und Technik und die sich daraus ergebende notwendige Vorsorge nicht ausreichend berücksichtigen. Deshalb wird hier davon ausgegangen, dass bundesweit sechs neue regionale Zwischenlager errichtet und die hoch radioaktiven Abfälle von den älteren Zwischenlagern dorthin transportiert und eingelagert werden. In diesen sechs regionalen Zwischenlagern sollen die hoch radioaktiven Abfälle verbleiben, bis sie an den End- oder Tiefenlagerstandort geliefert werden können. Mit dieser Annahme soll weder der in der Bundesrepublik Deutschland notwendigen Diskussion vorgegriffen, noch ein sicherheitstechnisch geprüfter Vorschlag unterbreitet werden. Für den angestrebten Vergleich von Entsorgungspfaden muss aber eine praktikable und plausible Lösung berücksichtigt werden. Es werden sechs regionale Zwischenlager angenommen, um jedes Bundesland mit in oder außer Betrieb befindlichen Leistungsreaktoren zu berücksichtigen. Dadurch können Transportwege und -zahlen gering gehalten werden.

Auf dem übertägigen Anlagengelände des End- bzw. Tiefenlagers werden ein Eingangslager, das Pufferlager, und eine Heiße Zelle zur Konditionierung der hoch radioaktiven Abfälle betrieben. Es wird davon ausgegangen, dass der Zeitraum für die Pufferlagerung der angelieferten, mit den hoch radioaktiven Abfällen beladenen Transport- und Lagerbehälter in diesem Eingangslager vor ihrer Konditionierung für die Tiefenlagerung in der Regel jeweils höchstens wenige Jahre beträgt. Als Konditionierung wird hier, entsprechend dem gegenwärtigen deutschen Referenzkonzept (GRS 2013), von der Umladung der Kokillen mit den verglasten Abfällen in einen Endlagerbehälter und von der Zerlegung der bestrahlten Brennelemente sowie ihre Einbringung in Endlagerbehälter ausgegangen. Nach der Konditionierung werden die Behälter direkt in das End- bzw. Tiefenlager eingebracht. Für die Einlagerung in ein End- oder Tiefenlager wird von einer Streckenlagerung der Endlagerbehälter ausgegangen.

Dieses Konzept wird in Deutschland als technisch umsetzbar eingestuft (GRS 2013). Das gilt für alle Wirtsgesteinsformationen, also steil und flach lagerndes Steinsalz, Tonstein und kristallines Gestein. In eine aufgefahrene Einlagerungsstrecke werden mehrere Endlagerbehälter horizontal eingelagert und die umgebenden Hohlräume verfüllt. Nach Einlagerung aller vorgesehen Behälter in einer Strecke wird diese verschlossen und die nächste befüllt. Die Einlagerungsstrecken sind in Einlagerungsfeldern angeordnet, die ebenfalls verschlossen werden, wenn alle Strecken eines Feldes befüllt sind. Bis zum Verschluss der Einlagerungsfelder nach abgeschlossener Einlagerung der hoch radioaktiven Abfälle unterscheiden sich die Entsorgungspfade für die End- und die Tiefenlagerung kaum.

Im Endlager werden nach Verschluss der Einlagerungsfelder auch alle anderen untertägigen Hohlräume und die Schächte zügig verfüllt. Das Endlager ist dann stillgelegt und geht in die Nachbetriebsphase über. Rückholspezifisches Monitoring und Rückholbarkeit der Abfälle sind nicht vorgesehen.

Im Tiefenlager schließt sich nach dem Verschluss der Einlagerungsfelder für einen Zeitraum von ca. 100 Jahren eine Monitoringphase an. Das Monitoring erfolgt hauptsächlich von einer Monitoringsohle aus, die sich über der Einlagerungssohle befindet (siehe Abschn. 4.4.3). Von der Monitoringsohle aus werden Bohrungen abgeteuft, in die Messinstrumente eingebracht werden. Die Ergebnisse des Monitorings sollen zeigen, ob sich dieses Tiefenlager so verhält, wie es prognostiziert wurde. Ist das der Fall, kann das Tiefenlager zum geplanten Zeitpunkt verschlossen werden. Falls jedoch ungeplante

Ereignisse oder Prozesse auftreten, muss entschieden werden, ob die Abfälle oder Teile davon aus dem Tiefenlager rückgeholt werden. Für diese Abfälle muss dann ggf. ein neuer Entsorgungspfad eingeschlagen werden.

6.1.2 Entsorgungspfad Oberflächenlagerung

Die Suche und die Festlegung eines Standortes für ein Oberflächenlager sowie dessen Errichtung nimmt, wegen der geringeren Anforderungen an die Standortgeologie und der geringeren Komplexität der Anlage, wahrscheinlich deutlich weniger Zeit in Anspruch als für ein End- oder Tiefenlager. Bei einer zeitnahen Entscheidung für diese Entsorgungsoption könnte sie innerhalb von 15 Jahren umgesetzt werden. Bis zur Inbetriebnahme eines Oberflächenlagers wäre die Zwischenlagerung in den bestehenden Zwischenlagern in Deutschland noch genehmigt. Der genehmigte Zeitraum für die Zwischenlagerung in Deutschland würde jedoch bis zur Auslagerung aller Abfälle geringfügig überschritten. An den betroffenen Standorten muss die Genehmigung verlängert werden. Aufgrund der Entwicklung der letzten Jahre sind an den Zwischenlagern Nachrüstmaßnahmen erforderlich. Von der Neuerrichtung regionaler Zwischenlager wird nicht ausgegangen. Die Abfälle bleiben dann über einen etwas längeren Zeitraum in den alten Zwischenlagern als bei der End- oder Tiefenlagerung.

Die Oberflächenlagerung erfolgt in dickwandigen Behältern, die aufrecht auf einer Bodenplatte in einem Lagergebäude stehen. Diese Transport- und Lagerbehälter sind während des gesamten Zeitraumes der Oberflächenlagerung leicht rückholbar. Damit die Rückholung zu jedem Zeitpunkt möglich ist, muss die derzeit für die Zwischenlagerung vorgeschriebene jederzeitige Transportierbarkeit jedes Behälters (ESK 2013) auch für die Oberflächenlagerung übernommen werden.

Nach der Inbetriebnahme des Oberflächenlagers werden die hoch radioaktiven Abfälle in ihren Transport- und Lagerbehältern aus den bisherigen Zwischenlagern angeliefert. Zu diesem Zeitpunkt wurde die Zwischenlagerung bereits über mehrere Jahrzehnte betrieben. Deshalb werden die Abfälle vor der Beladung der Transport- und Lagerbehälter für die Oberflächenlagerung in einer Heißen Zelle am Standort inspiziert und die Brennelemente wegen vorhandener Ungewissheiten zum längerfristigen Verhalten von Hüllrohren und Strukturteilen einzeln, ohne vorherige Zerlegung, mit einer Metallbüchse gekapselt (Neumann 2016; Neumann 1997). Um den spezifizierten Zustand der Kapseln und Kokillen sowie der Behälter und ihrer Komponenten bis zum Ende der Oberflächenlagerung zu gewährleisten, werden die Behälter nach einer Lagerdauer von ca. 100 Jahren geöffnet und inspiziert. Erforderlichenfalls werden Instandsetzungen vorgenommen bzw. die hoch radioaktiven Abfälle in neue oder instand gesetzte Behälter umgeladen.

Während der Oberflächenlagerung muss über den endgültigen Verbleib der hoch radioaktiven Abfälle entschieden werden. Dazu werden Forschung und Entwicklung zur End- und Tiefenlagerung mit dem Ziel fortgesetzt, die Langzeitsicherheit selbst und die Belastbarkeit des Langzeitsicherheitsnachweises zu verbessern. Möglicherweise werden auch andere Entsorgungsoptionen entwickelt, die mindestens einen vergleichbaren oder besseren Sicherheitsstandard besitzen. Auf jeden Fall müssen die Abfälle nach Abschluss der Oberflächenlagerung an eine andere Entsorgungsanlage abgegeben werden.

6.1.3 Schritte auf dem Entsorgungspfad

Der zeitliche Verlauf des Entsorgungspfades lässt sich in Phasen gliedern, die wichtige Schritte auf dem Entsorgungspfad beinhalten und bei allen untersuchten Entsorgungsoptionen etwa synchron verlaufen. Die vergleichende Risikobewertung entlang des Entsorgungspfads wird phasenweise vorgenommen, um Veränderungen der Sicherheit, die sich über die Zeit ergeben, abzubilden. Die von uns untersuchten Phasen auf dem Entsorgungspfad sind:

1. Unmittelbare Zukunft
   Jahr 0 bis ca. Jahr 10 nach Start der Entsorgungslösung
   Wichtigste Schritte
   – Entscheidung für eine Entsorgungsoption
   – Konzept für das Standortauswahlverfahren
2. Nähere Zukunft
   ca. Jahr 10 bis 30 nach Start der Entsorgungslösung
   Wichtigste Schritte
   – Standortauswahl
   – Eignungsnachweis am gewählten Standort
   – Genehmigungsverfahren, Bau und Inbetriebnahme der Entsorgungsanlage (nur Oberflächenlager)
3. Mittlere Zukunft
   ca. Jahr 30 bis 55 nach Start der Entsorgungslösung
   Wichtigste Schritte
   – Bau der Entsorgungsanlage (Endlager und Tiefenlager)
   – Einlagerung der Abfälle und Langzeitbetrieb (Oberflächenlager)
4. Weitere Zukunft
   ca. Jahr 55 bis 90 nach Start der Entsorgungslösung
   Wichtigste Schritte
   – Einlagerung der Abfälle (Endlager und Tiefenlager)
   – Langzeitbetrieb (Oberflächenlager)
5. Ferne Zukunft
   ca. Jahr 90 bis Jahr 200 nach Start der Entsorgungslösung
   Wichtigste Schritte
   – Verschluss und Rückbau der Oberflächenanlagen (Endlager)
   – Monitoring, Verschluss und Rückbau der Oberflächenanlagen (Einlagerung mit Vorkehrungen für Monitoring und Rückholbarkeit)
   – Langzeitbetrieb (Oberflächenlager)

6. Fernere Zukunft
   ca. Jahr 200 bis ca. Jahr 1000 nach Start der Entsorgungslösung
   Wichtigste Schritte
   – Longterm Stewardship, die langfristige Bewirtschaftung gefährlicher Hinterlassenschaften früherer Generationen (Endlager und Tiefenlager)
   – Rückbau und neuer Entsorgungspfad (Oberflächenlager)
7. Sehr ferne Zukunft
   ca. Jahr 1000 bis ca. Jahr 10.000 nach Start der Entsorgungslösung
   Wichtigste Schritte
   – keine (Endlager und Tiefenlager)
   – unbekannt (Oberflächenlager)
8. Sehr weit entfernte Zukunft
   ca. Jahr 10.000 bis ca. 1 Mio. Jahre nach Start der Entsorgungslösung
   Wichtigste Schritte
   – keine (Endlager und Tiefenlager)
   – unbekannt (Oberflächenlager)

Die Phasen bilden wesentliche Entscheidungen und Entwicklungen auf dem Entsorgungspfad ab.

Werden Entsorgungspfade weitgehend generisch betrachtet, also losgelöst von der aktuellen Situation und möglichen Standorten für eine Entsorgungsanlage, dann fällt auch die Beschreibung der Phasen generisch aus. Da sich die Art und Weise, wie eine Entsorgungslösung angegangen wird, und deren Rahmenbedingungen im Lauf der Zeit verändern, erfolgt die Beschreibung der Phasen auf der Basis der heute vorherrschenden Werthaltungen, des geltenden Rechts, der gegenwärtig verfügbaren Technologien, der heute angewendeten Verfahren etc. Ob ein solcher generischer Entsorgungspfad bereits heute, in fünf Jahren oder zwanzig Jahren eingeleitet wird, ist in diesem Fall für die Beschreibung der Phasen nicht von Bedeutung. Wesentliche gesellschaftliche Veränderungen führen jedoch dazu, dass die Beschreibung der Phasen angepasst werden muss.

6.2 Sicherheitskonzepte für die Entsorgungspfade

Um die Risiken für Entsorgungsoptionen vergleichend bewerten zu können, müssen die Sicherheitskonzepte für jede Option und den dazu gehörigen Pfad bekannt sein. Diese Sicherheitskonzepte zielen vor allem darauf ab, Einwirkungen ionisierender Strahlung auf Mensch und Umwelt zu verhindern oder zumindest stark einzuschränken. In Bezug auf die Langzeitsicherheit eines End- bzw. Tiefenlagers bedeutet dies, die Freisetzung von Radionukliden zu verunmöglichen oder zumindest stark zu begrenzen.

6.2.1 Entsorgungspfade für die End- und Tiefenlagerung

Übertägige Anlagen Der Entsorgungspfad startet mit der Entscheidung für eine Entsorgungsoption. Zum Zeitpunkt dieser Entscheidung befinden sich die hoch radioaktiven Abfälle in den gegenwärtig vorhandenen zentralen und dezentralen Zwischenlagern. Später werden sie in neue regionale Zwischenlager verbracht.

Das Sicherheitskonzept bezüglich Abschirmung sowie Verhinderung von Freisetzungen im Normalbetrieb und bei Störfällen für die gegenwärtig bestehenden Zwischenlager beruht im Wesentlichen auf den Transport- und Lagerbehältern. Es handelt sich um dickwandige Metallbehälter, die mit einem Doppeldeckelsystem verschlossen sind. An den meisten Standorten und damit für den größten Teil der hoch radioaktiven Abfälle hat das Lagergebäude mittels Öffnungen in Seitenwänden und im Dachbereich sicherheitstechnisch nur die Aufgabe, einen Luftstrom zu gewährleisten, mit dem die in den Abfällen durch radioaktiven Zerfall entstehende Wärme nach außen abgeführt wird. Darüber hinaus bildet das Lagergebäude an diesen Standorten einen Wetterschutz, ist aber keine Barriere gegen Einwirkungen von außen.

Das Sicherheitskonzept für die später vorgesehenen regionalen Zwischenlager und das Eingangslager gleicht mit einer Ausnahme dem der bisherigen Zwischenlager: Aufgrund ihres großen Radioaktivitätsinventars und ihrer Betriebsdauer ist die nach Stand von Wissenschaft und Technik bestmögliche Vorsorge gegen Einwirkungen von außen erforderlich. Dies bedeutet eine in Bezug auf mechanische Einwirkungen von außen redundante Auslegung von Behälter und Gebäude (UBA 2002; Reichardt 2016). Die redundante Auslegung entspricht auch der in der Kerntechnik üblichen sinngemäßen Anwendung der Sicherheitsanforderung für Kernkraftwerke (BMUB 2015b) auf andere Anlagen mit ähnlichen Radioaktivitätsinventaren.

Die am End- oder Tiefenlagerstandort erforderliche Konditionierungsanlage wird ebenfalls entsprechend der nach Stand von Wissenschaft und Technik bestmöglichen Vorsorge ausgelegt. Dazu gehört zum Beispiel die Auslegung gegen Flugzeugabstürze.

Untertägige Anlagen Das im Folgenden beschriebene Sicherheitskonzept für ein End- bzw. Tiefenlager beschreibt in allgemeiner und qualitativer Weise grundlegende Sicherheitsanforderungen wie weitgehender Einschluss, Integrität, Wartungsfreiheit und Kritikalitätsausschluss. Jede Sicherheitsanforderung wird mit konzept- und standortspezifischen Einzelanforderungen unterlegt, mit deren Hilfe die langfristig möglichst sichere Isolation der radioaktiven Abfälle gewährleistet werden soll. Ein solches Sicherheitskonzept ist in Deutschland zum ersten Mal im Rahmen der „Vorläufigen Sicherheitsanalyse Gorleben" (VSG) im Detail für ein Endlager in einem Salzstock ausgearbeitet worden (GRS 2013). Es kann in seinen grundlegenden Prinzipien auch auf die Wirtsgesteine Tonstein und Salz in flacher Lagerung übertragen werden. Sowohl bei Lagerung in Salz als auch in Tonstein gelten die gleichen Grundanforderungen, nämlich der dauerhafte Einschluss der Abfälle in einem definierten Gebirgsbereich, dem einschlusswirksamen Gebirgsbereich.

Auf eine Endlagerung in kristallinem Gestein lässt sich das Sicherheitskonzept der VSG nicht einfach übertragen, da die Sicherheit in diesem Fall weniger auf den geologischen Barrieren, sondern hauptsächlich auf den technischen Barrieren wie Behälter und Bentonit-Versatz beruht. Für kristallines Gestein wäre für Deutschland ein völlig neues Sicherheitskonzept erforderlich (siehe auch Abschn. 2.2 und 3.4), das im Rahmen dieser Arbeit nicht entwickelt werden kann. Deshalb beziehen sich alle folgenden Ausführungen auf die Wirtsgesteine Salz und Tonstein.

Das Sicherheitskonzept für ein End- oder Tiefenlager legt fest, mit welchen Maßnahmen die in BMU (2010) vorgegebenen Schutzziele erreicht werden sollen und auf welchen Sicherheitsfunktionen (siehe Abschn. 6.4) der Sicherheitsnachweis für den Lagerstandort basieren soll. Es ist sowohl für die steile und die flache Lagerung in Salz als auch für die Lagerung in Tonstein in seinen prinzipiellen Anforderungen identisch, und zwar sowohl für die Endlagerung ohne Vorkehrungen zur Rückholbarkeit als auch für die Tiefenlagerung mit Monitoring und Vorkehrungen zur Rückholbarkeit. Dabei sind folgende Komponenten (Barrieren) für das die Langzeitsicherheit gewährleistende Sicherheitskonzept von Bedeutung:

- Die Komponente „einschlusswirksamer Gebirgsbereich" (ewG) stellt die langfristig wichtigste Barriere für beide Wirtsgesteinstypen dar.
Wegen seiner extrem geringen Permeabilität (Durchlässigkeit), seinem ausgeprägt plastischen Verhalten und seiner guten Temperaturverträglichkeit kann Steinsalz – eine gute Standortauswahl vorausgesetzt – langfristig Lösungszuflüsse zu den Abfallgebinden bzw. Freisetzung und Transport von Lösungen mit Radionukliden aus den Abfallgebinden aus dem ewG für den Nachweiszeitraum von 1 Mio. Jahre verhindern („vollständiger Einschluss").
Tonstein weist eine sehr geringe Permeabilität zusammen mit einer hohen Sorptionsfähigkeit auf und zeichnet sich ebenfalls durch plastisches Verhalten aus. Die Permeabilität von Tonstein ist nicht so gering, dass ein Zutritt von im Tonstein eingeschlossenen Wässern an die Abfälle und die nachfolgende Freisetzung von Radionukliden völlig ausgeschlossen werden kann. Deshalb soll die Ausbreitung von Radionukliden im Tonstein in einem Endlager diffusionsdominiert sein; ihre advektive Ausbreitung ist zu vermeiden. Wegen der Diffusion ist ein vollständiger Einschluss der Radionuklide im Tonstein innerhalb des ewG für den Nachweiszeitraum von 1 Mio. Jahre unter realen Bedingungen wahrscheinlich nicht erreichbar. Ein Einschluss im ewG, der die Freisetzung von höchstens als vernachlässigbar zu bewertenden Schadstoffmengen vom ewG in das umgebende Wirtsgestein erlaubt („sicherer Einschluss"), ist bei guter Standortauswahl für den geforderten Nachweiszeitraum jedoch möglich.
- Das Auffahren der Grubenhohlräume, zum Beispiel Einlagerungskammern und Infrastruktur, im Wirtsgestein schwächt diese wichtige Barriere, insbesondere aber den ewG. Die notwendigerweise erzeugten Schwachstellen müssen durch den geotechnischen Versatz kompensiert werden. Dies geschieht durch das Einbringen von wirtsgesteinsgleichem oder -ähnlichem Material.

6.2 Sicherheitskonzepte für die Entsorgungspfade

Bei Steinsalz wird zum Versatz der Resthohlräume des Lagerbergwerks Salzgrus benutzt, der wegen seiner Kompaktion infolge der Gebirgskonvergenz im Verlaufe der Zeit seine Permeabilität und Porosität soweit verringern soll, dass er sich der Qualität des ungestörten Wirtsgesteins annähert. Der Zeitraum, bis die angestrebte Qualität erreicht wird, erstreckt sich nach derzeitigem Kenntnisstand in Abhängigkeit von verschiedenen Einflussgrößen wie Temperatur oder Feuchtegrad des Salzgruses von einigen hundert Jahren bis zu wenigen tausend Jahren.

Bei Tonstein sind die notwendigen Perforationen des Wirtsgesteins, speziell des ewG, ebenfalls durch den Versatz zu verschließen. Dazu bieten sich Bentonit oder ein Bentonit-Sand-Gemisch an, da sie wirtsgesteinsähnliche Eigenschaften aufweisen. Der Versatz erreicht die geforderten einschlusswirksamen Eigenschaften erst nach seiner homogenen Aufsättigung und Quellung. Die dazu benötigte Zeitdauer liegt nach heutigem Kenntnisstand bei einigen tausend Jahren.

- Bis der Versatz seine volle Wirksamkeit erreicht hat, müssen in einem Endlager schnell wirksame Strecken- und Schachtabdichtungen dafür sorgen, dass die Abdichtung der Einlagerungsfelder gegen den Zutritt von Formationslösungen und Lösungen von außerhalb des Wirtsgesteins gewährleistet wird. Bei der Entsorgungsoption Tiefenlagerung müssen die Strecken- und Schachtabdichtungen jeweils ebenfalls schnell wirksam sein. Die Schachtabdichtung erfolgt hier allerdings erst nach Abschluss der Monitoringphase. Die technischen Abdichtungen können standortspezifisch aus verschiedenen diversitären und/oder redundanten Abdichtelementen aufgebaut sein. Sie müssen in dieser frühen Nachbetriebsphase schnell wirken und einen Zeitraum bis ca. 10.000 Jahren abdecken.

- Die Komponente „Abfallbehälter" soll in Salz während der Betriebsphase und zu Beginn der Nachbetriebsphase des Tiefenlagers für einen Zeitraum bis 500 Jahre – vielleicht auch bis zu 1000 Jahren – dicht gegenüber der Freisetzung radioaktiver Stoffe sein. In Tonstein sind die Anforderungen an den Abfallbehälter wegen der langsamen Aufsättigung des den Abfallbehälter umgebenden Bentonitversatzes höher als bei Salz. So soll beispielsweise in der Schweiz die Dichtheit des Behälters für einen Zeitraum von bis zu 10.000 Jahren gewährleistet werden.

Insgesamt beruht das skizzierte Sicherheitskonzept für End- und Tiefenlager in den beiden Wirtsgesteinstypen Steinsalz und Tonstein auf wenigen Sicherheitskomponenten, deren funktionale und zeitliche Wirksamkeit jeweils aufeinander abgestimmt sein muss.

Die beiden Komponenten ewG und Versatz (Salzgrus oder Bentonit) sind im Verbund für die langfristige Isolationswirkung der hoch radioaktiven Abfälle über den Nachweiszeitraum von einer Mio. Jahre von entscheidender Bedeutung. Langfristig soll sich das End- bzw. Tiefenlager zu einem passiv-sicheren Zustand hin entwickeln, in dem die Abfälle von menschlichem Handeln und natürlichen Entwicklungen unabhängig sicher lagern sollen. Die Strecken- und Schachtabdichtungen besitzen als geotechnische Bauwerke eine – bezogen auf den gesamten Nachweiszeitraum von einer Million Jahre – nachgeordnete Bedeutung. Sie sind aber in den ersten Jahrtausenden bedeutsam, bis der ewG im Verbund mit dem Versatz die Langzeitsicherheit gewährleisten kann.

Das über den ewG hinausgehende Wirtsgestein sowie das Deck- und Nebengebirge der Wirtsgesteinsformationen sollen als weitere Sicherheitsreserven angesehen werden. Sie werden hier aber nicht weiter behandelt, da ihre Eigenschaften sehr von standortspezifischen Aspekten abhängen.

6.2.2 Entsorgungspfad Oberflächenlagerung

Für die (langfristige) Oberflächenlagerung gibt es kein international anerkanntes Sicherheitskonzept. Bisher wurde eine solche Oberflächenlagerung mit dem HABOG nur in den Niederlanden umgesetzt. Dort soll die Oberflächenlagerung für mindestens 100 Jahre erfolgen (siehe hierzu Abschn. 3.3). In diesem Buch wird für die Entsorgungsoption Oberflächenlagerung ein weiter entwickeltes Konzept für die Behälterzwischenlagerung berücksichtigt. Grundlage hierfür ist das an einigen Standorten in Deutschland umgesetzte sogenannte STEAG-Konzept (siehe Abb. 6.1).

Die langfristige Oberflächenlagerung wird für 200 Jahre geplant und sicherheitstechnisch konzipiert. Das heißt, alle sicherheitstechnischen Aspekte, beginnend mit der Beladung der Behälter bis zur Auslegung des Lagergebäudes, müssen für diesen langen Zeitraum bedacht werden. Das ist ein grundlegender Unterschied im Vergleich zur jetzigen Zwischenlagerung, bei der von höchstens 40 Jahren Betriebsdauer ausgegangen wurde.

Einer der zentralen sicherheitstechnischen Aspekte des Oberflächenlagerkonzeptes ist die in Bezug auf Einwirkungen von außen redundante Auslegung von Behälter und Gebäude (UBA 2002; Reichardt 2016), wie sie auch für die regionalen Zwischenlager im Entsorgungspfad für die End- und Tiefenlagerung vorgesehen ist (siehe Abschn. 6.2.1). Der Behälter soll eine Barriere gegen mechanische und thermische Einwirkungen von außen sein, um radioaktive Freisetzungen zu verhindern oder mindestens stark zu begrenzen. Das Lagergebäude als redundante Barriere soll so ausgelegt werden, dass es schwerwiegenden mechanischen Einwirkungen von außen widerstehen kann, also

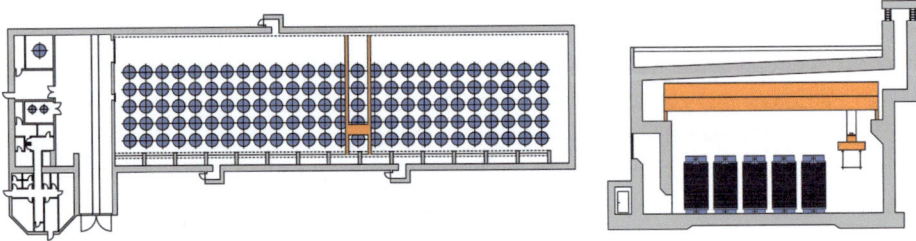

Abb. 6.1 STEAG-Konzept. Grundlage für das hier fortgeschriebene Konzept für ein Oberflächenlager (Reichardt et al. 2017)

standsicher bleibt und beim Aufschlagen harter Gegenstände, wie zum Beispiel Flugzeugteile, nicht durchdrungen wird. Darüber hinaus soll das Lagergebäude durch seine Konstruktion thermische Belastungen der Behälter durch Einwirkungen von außen oder nach Eindringen brennbarer Flüssigkeiten möglichst gering halten. Damit werden die Sicherheitsanforderung für Kernkraftwerke (BMUB 2015b) in sinngemäßer Anwendung erfüllt.

Das Oberflächenlager ist modulartig aufgebaut, das heißt es besteht aus mehreren direkt aneinander angrenzenden Bauwerken. Dadurch sollen radiologische Auswirkungen bei schwerwiegenden Einwirkungen von außen weiter verringert werden, da dann nur ein Teil der hoch radioaktiven Abfälle betroffen ist. Außerdem werden eventuell notwendige Instandhaltungsarbeiten an den Gebäuden (Köhnke 2017) durch die Verbringung der Behälter in ein anderes Modul vereinfacht.

Die durch den Zerfall von Atomkernen im radioaktiven Inventar der Behälter freigesetzte Wärme, wird zur Vermeidung von Schäden an Behälter und Inventar in die Umwelt abgeführt. Hierzu wird ein – im kerntechnischen Sinn – passives Sicherheitssystem eingesetzt. Die Lagergebäude besitzen an der Seite Lufteinlass- und an der Decke Luftauslassöffnungen. Durch die über den Behälterkörper aus seinem Inneren abgegebene Wärme entsteht ein konvektiver Luftstrom durch das Lagergebäude, mit dem die Wärme in die Umgebung abgegeben wird (siehe Abbildung oben).

Die hoch radioaktiven Abfälle wurden vor ihrer Einlagerung in das Oberflächenlager bereits über 40 Jahre zwischengelagert und sollen dort weitere ca. 200 Jahre gelagert werden. Während der Lagerung sind Behälter und Inventar Belastungen durch die in den hoch radioaktiven Abfällen entstehende ionisierende Strahlung und Wärme sowie durch Alterung ausgesetzt. Dazu kommen wechselnde mechanische Belastungen bei Behälterbewegungen und wechselnde thermische Belastungen durch Temperaturschwankungen im Lager oder bei Standortwechsel. Diese Belastungen führen insbesondere auch bei langen Lagerzeiten zu nachteiligen Veränderungen an Inventar und Behältern (siehe Abschn. 6.1.2). Deshalb sind aus Vorsorgegründen zunächst eine Inspizierung der Abfälle und eine zusätzliche Kapselung der Brennelemente vorgesehen. Für diese Arbeiten ist am Oberflächenlagerstandort eine Heiße Zelle erforderlich. Sie dient außerdem zur Durchführung der Periodischen Sicherheitsüberprüfung von Behältern und Inventar sowie für Wartung und Reparatur, wenn an einem Behälter ein Dichtheitsverlust oder andere Schäden auftreten (Köhler 2017; Neumann 2017). In ihr können die hoch radioaktiven Abfälle nötigenfalls auch in einen anderen Behälter umgeladen werden. Die Heiße Zelle befindet sich in einem Gebäude mit zum Lagergebäude vergleichbarer Auslegung gegen mechanische Einwirkungen von außen und gewährleistet eine weitgehende Rückhaltung von bei Behälteröffnung und Inventarhandhabung freigesetzten Radionukliden sowie eine vollständige Abschirmung von Direktstrahlung.

Für den gesamten Zeitraum der Oberflächenlagerung muss auch die Kritikalitätssicherheit gewährleistet werden. Dies soll durch die Auslegung des Behälters, hier vor allem des Tragkorbes zur Aufnahme der Abfälle, und die zusätzliche Kapselung der einzelnen Brennelemente erreicht werden.

6.3 Bewertung nach kalkulierbaren Risiken und Ungewissheiten

6.3.1 Rolle der Ungewissheiten stärken

Ein wichtiges und gut etabliertes Instrument zur Bewertung der Sicherheit bei der Entsorgung hoch radioaktiver Abfälle stellt der Sicherheitsnachweis (Safety Case) dar. Sicherheitsnachweise kommen vor allem bei Standortauswahlverfahren zum Einsatz, bei Genehmigungsverfahren oder auch dann, wenn es darum geht, die grundsätzliche Machbarkeit der Entsorgung zu überprüfen.

Bei der Durchführung eines Sicherheitsnachweises stehen kalkulierbare Risiken im Mittelpunkt. Mit einer Sicherheitsanalyse wird überprüft, ob Risikogrenzwerte eingehalten werden können, oder ob sich die kalkulierbaren Risiken, die mit verschiedenen Optionen einhergehen, wesentlich voneinander unterscheiden. Argumente, die für die Sicherheit der Entsorgung relevant sind, werden strukturiert dargelegt. Ungewissheiten sind Teil eines Sicherheitsnachweises, vor allem in Bezug auf die Vertrauenswürdigkeit der Ergebnisse der Sicherheitsanalyse und im Hinblick auf weiteren Forschungs- und Untersuchungsbedarf. Im Vergleich zu den Risiken spielen Ungewissheiten jedoch eine untergeordnete Rolle (siehe Abschn. 5.2.4).

Ein wichtiger Grund für die Fokussierung auf Risiken bei der Beurteilung der Sicherheit liegt darin, dass im Bereich der quantifizierbaren kalkulierbaren Risiken klare Vorgaben in Form von Grenzwerten gesetzt werden können, deren Einhaltung sich kontrollieren lässt. Der Umgang mit Ungewissheiten ist dagegen vielschichtiger und damit auch anfälliger für unterschiedliche Interpretationen, die zu Meinungsverschiedenheiten führen können (Eckhardt und Rippe 2016).

Neben den kalkulierbaren Risiken spielen die Ungewissheiten bei der Entsorgung hoch radioaktiver Abfälle jedoch, wie in Abschnitt 5.3 dargelegt, eine wichtige Rolle. Insbesondere während der Standortauswahl, dem Bau und Betrieb einer Entsorgungsanlage – sei es ein Endlager, ein Tiefen- oder Oberflächenlager – sind die Ungewissheiten aufgrund gesellschaftlicher Entwicklungen sehr groß. Zudem werden Ungewissheiten auch im gesellschaftlichen Diskurs zur Entsorgung immer wieder thematisiert (Marti 2016; Eckhardt und Rippe 2016). Beim Vergleich der Sicherheit verschiedener Entsorgungsoptionen und -pfade sollten daher nicht nur die kalkulierbaren Risiken, sondern auch die Ungewissheiten eingehender untersucht werden.

Ungewissheiten lassen sich in „unbekannte Bekannte", „bekannte Unbekannte" und „unbekannte Unbekannte" differenzieren (siehe Abschn. 5.3.1). Für eine vergleichende Bewertung von Entsorgungsoptionen und -pfaden eignen sich vor allem „bekannte Unbekannte". „Unbekannte Unbekannte" bleiben beim Vergleich von Entsorgungsoptionen zwangsläufig unberücksichtigt. „Unbekannte Bekannte" lassen sich nicht ausschließen. Einzelne von ihnen können aber durch geeignete Verfahren zumindest teilweise in bekannte Bekannte oder bekannte Unbekannte überführt werden.

Bei bekannten Unbekannten ist klar, dass bestimmte Informationen (noch) fehlen. Zu den bekannten Unbekannten zählt beispielsweise der Stand der Technik im Untertagebau bei Beginn der Einlagerung hoch radioaktiver Abfälle in das in Deutschland geplante Endlager. Aus heutiger Sicht vorstellbar ist, dass der Untertagebau weitgehend automatisiert erfolgt – mit akkubetriebener, elektronisch gesteuerter, wirksamer und schneller Vortriebs- und Ausbautechnik. Tatsächlich ist der Stand der Technik, der in einigen Jahrzehnten vorliegen wird, aber noch nicht bekannt. Neue technologische Entwicklungen oder unerwartete gesellschaftliche Veränderungen könnten dazu führen, dass sich die heutigen Projektionen in die Zukunft als falsch erweisen. Eine bekannte Unbekannte, die bei den End- und Tiefenlagern unvermeidlich ist, ist die genaue Beschaffenheit des Wirtsgesteins am Lagerstandort. Ihre Kenntnis setzt ein erfolgreiches Standortauswahlverfahren und vielfältige Untersuchungen voraus, mit denen zunehmend Informationen über den Wirtsgesteinskörper gewonnen werden, in dem schließlich die hoch radioaktiven Abfälle eingelagert werden sollen.

Bei den „unbekannten Bekannten" handelt es sich um eigentlich bekannte Tatsachen und vorhersehbare Entwicklungen, die nicht zur Kenntnis genommen werden. Beim Vergleich von Entsorgungsoptionen können unbekannte Bekannte dadurch reduziert werden, dass die Bewertung von einem Projektteam vorgenommen wird, dem Spezialisten aus unterschiedlichen Fachdisziplinen und mit unterschiedlichem beruflichem Erfahrungshintergrund angehören. Weitere Ansätze zur Verminderung unbekannter Bekannter sind der Einbezug eines breiten Spektrums an Informationsquellen, Peer Reviews oder Workshops, an denen die Ergebnisse bei interessierten Personen außerhalb des Projektteams zur Diskussion gestellt werden.

Ein Entsorgungspfad wird umso besser beurteilt, je geringer die mit ihm verbundenen Ungewissheiten sind.

6.3.2 Neue Sichtweise auf Risiken

Bisher sind die Sicherheitsnachweise bei der Entsorgung hoch radioaktiver Abfälle vor allem auf die Langzeitsicherheit von End- und Tiefenlagern ausgerichtet. Aktuell bestehen allerdings Bestrebungen, auch frühere Phasen des Entsorgungspfads miteinzubeziehen. Seit 2016 wird im Projekt GEOSAF III der IAEA untersucht, wie die Betriebsphase von End- oder Tiefenlagern in den Sicherheitsnachweis dieser Anlagen einbezogen werden kann (GEOSAF 2018).

In die vergleichende Risikobewertung entlang von Entsorgungspfaden beziehen wir neben der Betriebs- und die Nachverschlussphase auch vorgelagerte Phasen, insbesondere des Standortauswahlverfahrens, ein. Damit wird ein ganzheitlicher Risikovergleich möglich, der den gesamten mit einer Entsorgungsoption verbundenen Entsorgungspfad umfasst und nicht nur auf einzelne Aspekte wie die Zwischenlagerung oder einzelne Anlagen, zum Beispiel ein Oberflächen- oder ein End- bzw. Tiefenlager, fokussiert. Das ist insbesondere dann wichtig, wenn politische Entscheidungen getroffen werden, um einen bestimmten Entsorgungspfad zu beschreiben. Eine nachhaltige Entscheidung setzt voraus, die Sicherheit des gesamten Entsorgungspfads im Auge zu behalten. Die ganzheitliche Risikobewertung kann aber auch dazu genutzt werden, einen bereits beschrittenen Entsorgungspfad oder eine bereits gewählte Entsorgungsoption weiter zu optimieren.

Angesichts der Vielfalt unterschiedlicher Risikokonzepte in verschiedenen Fachdisziplinen und unterschiedlicher Risikoansichten in der Zivilgesellschaft scheint es zudem angebracht, die etablierte Risikobewertung für Aspekte zu öffnen, die aus gesellschaftlicher Perspektive und der Perspektive verschiedener Fachdisziplinen, insbesondere der Geistes- und Sozialwissenschaften, relevant sind. Dazu gehört vor allem die Berücksichtigung von Fragen der Akzeptanz und psychosozialen Einflüssen auf die Gesundheit von Menschen. Im Spannungsfeld von „Sicherheit ermitteln oder Sicherheit aushandeln" (siehe Abschn. 5.2.6) entscheiden wir uns damit für eine moderate Ausweitung der etablierten Risikobewertung bei der Entsorgung hoch radioaktiver Abfälle. Ein solches Vorgehen wird unter anderem auch durch die Erfahrungen und Erkenntnisse aus dem Reaktorunfall von Fukushima gestützt. Dort erwiesen sich psychosoziale Einflüsse als von mindestens ähnlicher Bedeutung für Leben und Gesundheit von Menschen wie die radiologischen Gefährdungen (IAEA 2015).

Aus Gründen der Übersichtlichkeit konzentriert sich die vergleichende Bewertung von Entsorgungsoptionen und -pfaden auf Risiken und Ungewissheiten, die Personen betreffen. Die Methode lässt sich aber auch auf weitere zu schützende Werte wie Umwelt oder Sachwerte anwenden.

Bei der Risikobewertung stehen die kollektiven Risiken im Vordergrund, also die Gesamtheit der Risiken für Personen. Bei den individuellen Risiken, das heißt den Risiken für einzelne Personen, gehen wir davon aus, dass Entsorgungsoptionen und -pfade so gestaltet werden, dass sie im Einklang mit den derzeit geltenden Anforderungen an die Sicherheit stehen und insbesondere die rechtlichen Vorgaben eingehalten werden. Die individuellen Risiken, die mit den Entsorgungsoptionen verbunden sind, werden deshalb bei allen Entsorgungsoptionen und -pfaden mindestens auf ein Maß begrenzt, das derzeit als akzeptabel gilt. Bei der Risikobewertung wird jedoch im Auge behalten, ob einzelne Personen oder Personengruppen bei einem Entsorgungspfad deutlich stärker als andere risikoexponiert sind.

Ein Entsorgungspfad wird umso besser beurteilt, je geringer die mit ihm verbundenen kalkulierbaren Risiken sind.

6.3.3 Vergleich von Entsorgungspfaden und -optionen

Der Vergleich generischer Entsorgungsoptionen und -pfade muss qualitativ vorgenommen werden. Ein quantitativer Vergleich ist aufgrund fehlender Daten und Informationen, zum Beispiel zu den genauen Standorteigenschaften eines Oberflächen-, End- oder Tiefenlagers nicht möglich. Zudem lassen sich kalkulierbare Risiken zwar häufig quantifizieren, viele Ungewissheiten, zum Beispiel Ungewissheiten aufgrund gesellschaftlicher Entwicklungen, können aber nicht in Zahlenwerte gefasst werden.

Trotzdem ist es möglich, verschiedene Entsorgungsoptionen und -pfade systematisch in Bezug auf die mit ihnen verbundenen Risiken und Ungewissheiten zu vergleichen: Bei der vergleichenden Bewertung kommt ein strukturiertes Verfahren zum Einsatz. Dabei wird ein Outranking der Entsorgungspfade vorgenommen. Die Pfade werden also jeweils in eine Rangfolge gebracht. Diese Rangfolge spiegelt wieder, wie die Entsorgungspfade im Vergleich untereinander abschneiden. Das Outranking wird für jede zeitliche Phase auf dem Entsorgungspfad sowohl anhand der Bewertung der Ungewissheiten als auch anhand der Bewertung der Risiken vorgenommen. Die Bewertung erfolgt verbal-argumentativ. Zunächst werden Risiken und Ungewissheiten, die sich mit Einflüssen, Entwicklungen und Aktivitäten auf den untersuchten Entsorgungspfaden verbinden, gegeneinander abgewogen. Anschließend werden die Teilergebnisse für jede untersuchte zeitliche Phase zusammengeführt. Das Ergebnis der zusammenfassenden Abwägung fließt in die Risikokarte ein, in der die Resultate der umfassenden Risikobewertung dargestellt sind (siehe Abschn. 6.6).

Bei der vergleichenden Bewertung von Risiken und Ungewissheiten wird davon ausgegangen, dass die Entwicklung der Entsorgungsoption weitgehend so erfolgt, wie sie heute geplant ist. Es werden aber auch alternative Entwicklungspfade (Verlaufsvarianten) erwogen, insbesondere die Rückholung oder Bergung der Abfälle.

Die vergleichende Bewertung nach Ungewissheiten und kalkulierbaren Risiken ist insbesondere für den Zeitraum von 0 bis 200 Jahren aussagekräftig, nachdem ein Entsorgungspfad beschritten wurde. Anschließend führen die großen Ungewissheiten bezüglich gesellschaftlicher Entwicklungen dazu, dass nur noch unscharfe oder teilweise sogar keine Aussagen mehr möglich sind. In der umfassenden Risikobewertung wird die Bewertung nach Ungewissheiten und kalkulierbaren Risiken daher insbesondere durch eine Bewertung nach Sicherheitsfunktionen und Robustheit ergänzt, die auf die Langzeitsicherheit abzielt (siehe Abschn. 6.4).

Die vergleichende Bewertung der drei Entsorgungsoptionen Endlagerung, Tiefenlagerung und Oberflächenlagerung mit den entsprechenden Entsorgungspfaden (siehe Abschn. 6.1) nach Risiken und Ungewissheiten ergibt ein differenziertes Bild (Eckhardt 2018).

Bei der Endlagerung zeigen sich drei grundlegende Stärken, die sich positiv auf Risiken und Ungewissheiten auswirken:

- Unter den drei untersuchten Entsorgungsoptionen ist die Endlagerung die bisher am besten untersuchte.
- Das Endlager gelangt voraussichtlich schneller in einen Zustand, in dem die Sicherheit nahezu vollständig durch passive Vorkehrungen gewährleistet ist, als die anderen beiden Optionen.
- Die Endlagerung folgt einem einfacheren Konzept als die Tiefenlagerung mit Monitoring und Rückholbarkeit.

Die Oberflächenlagerung weist gegenüber den anderen beiden Optionen einen Vorteil auf, der dazu führt, dass der entsprechende Entsorgungspfad über einige Jahrzehnte bezüglich Risiken und Ungewissheiten besser bewertet wird als die Entsorgungspfade der End- und Tiefenlagerung:

- Die hoch radioaktiven Abfälle werden verhältnismäßig rasch in eine Anlage verbracht, die für Jahrzehnte hohe Sicherheitsanforderungen erfüllt.

Die Tiefenlagerung mit Monitoring und Rückholbarkeit bewegt sich zwischen den anderen beiden Varianten, indem sie einige von deren spezifischen Vorteilen kombiniert. Im Vordergrund stehen dabei die Möglichkeit der Überwachung des Lagers und einer Rückholung der hoch radioaktiven Abfälle wie beim Oberflächenlager und die Gewährleistung eines hohen Maßes an passiver Sicherheit, vor allem über sehr lange Zeiträume hinweg, wie beim verschlossenen Endlager.

Die Stärken der Tiefenlagerung mit Monitoring und Rückholbarkeit liegen weniger in geringen kalkulierbaren Risiken und Ungewissheiten, als in gesellschaftlichen Vorteilen. Zu letzteren zählt insbesondere, dass diese Option derzeit in Deutschland wohl die größte Akzeptanz findet. In der Schweiz gelang es, mit der Entscheidung für die Tiefenlagerung den gesellschaftlichen Dissens darüber, ob die Oberflächen- oder die Endlagerung die „richtige" Entsorgungsoption sei, zu lösen. In anderen Ländern haben dagegen andere Entsorgungsoptionen gesellschaftlichen Rückhalt gefunden, wie die Endlagerung in Schweden oder die Oberflächenlagerung in den Niederlanden.

6.4 Bewertung nach Sicherheitsfunktionen und Robustheitsdefiziten bei der End- bzw. Tiefenlagerung

Für End- und Tiefenlager existieren Konzepte, die Sicherheit über deutlich mehr als 200 Jahre gewährleisten sollen (siehe Abschn. 6.2.1). Bei der Oberflächenlagerung dagegen wird der weitere Entsorgungspfad nach der Außerbetriebnahme des Oberflächenlagers bewusst offengehalten. Da nicht bekannt ist, welcher Weg dann beschritten wird, ist es auch nicht möglich, seine Sicherheit zu untersuchen.

Die Langzeitsicherheit von End- und Tiefenlagern kann anhand von Robustheitsdefiziten wichtiger Sicherheitsfunktionen bewertet und verglichen werden. Sicherheitsfunktionen sind Eigenschaften oder im Endlagersystem ablaufende Prozesse, die in einem sicherheitsbezogenen System oder Teilsystem oder bei einer Einzelkomponente die Erfüllung der sicherheitsrelevanten Anforderungen gewährleisten. Die hier berücksichtigten radionuklidrückhaltenden Sicherheitsfunktionen sowie den Sicherheitsfunktionen zugeordnete Parameter können Tab. 6.1 entnommen werden.

Im Folgenden wird eine vergleichende Bewertung der Sicherheitsfunktionen für die Wirtsgesteine Steinsalz und Tonstein vorgenommen. Dabei wurden anstelle fehlender standortspezifischer Daten die charakteristischen Eigenschaften der Wirtsgesteinstypen benutzt. In einigen Fällen, vor allem bei den externen Auswirkungen von Kaltzeiten, konnten spezifische regionale Annahmen getroffen werden. Diese Vorgehensweise führte bei der Ermittlung von Robustheitsdefiziten zwangsläufig zu einer Art „generischer Ergebnisse", die hinsichtlich denkbarer Schwachpunkte einzelner Sicherheitsfunktionen der Wirtsgesteine und geotechnischer Barrieren als beispielhaft betrachtet werden sollten. Details dazu sowie zur Methodik der Ableitung von Robustheitsdefiziten können Kreusch und Neumann (2018) und GRS (2010) entnommen werden.

6.4.1 Wie gelangt man zu Sicherheitsfunktionen und Robustheitsdefiziten?

Im Folgenden wird skizziert, in welchem Zusammenhang die Langzeitsicherheit eines End- bzw. Tiefenlagers mit seinem Barrierensystem steht, wie Barrieren und Sicherheitsfunktionen zusammenpassen und wie Robustheitsdefizite von Sicherheitsfunktionen ermittelt werden. Die Methodik zur Ermittlung von Robustheitsdefiziten ist von der GRS (2010) entwickelt worden, und im Rahmen des Projektes ENTRIA wurde die Methode zur Bewertung verschiedener Entsorgungsoptionen herangezogen (Kreusch und Neumann 2018, Neumann und Kreusch 2018a).

Die Langzeitsicherheit von End- bzw. Tiefenlagern in Bergwerken in tiefen geologischen Schichten beruht auf der isolierenden Wirkung bestimmter Gesteinsarten, zum Beispiel Steinsalz oder Tonstein, und von Menschen gefertigten geotechnischen oder technischen Abdichtungen gegenüber der Ausbreitung radioaktiver Stoffe mit Lösungen und Gas, zum Beispiel Dichtungen, Behälter, spezielles Versatzmaterial. Diese Gesteine und Abdichtungen werden bei der End- und Tiefenlagerung als Barrieren bezeichnet. Wenn die einzelnen Barrieren genau aufeinander abgestimmt worden sind, sodass sie eine langfristig optimale Isolationsleistung aufweisen, liegt ein Barrierensystem vor.

Da die Barrieren aus unterschiedlichen Materialien bestehen, die Alterungsprozessen unterworfen und zu bestimmten Zeiträumen unterschiedlichen Einwirkungen ausgesetzt sein können, muss die zeitabhängige Wirksamkeit der einzelnen Barrieren bei

Tab. 6.1 Komponenten bzw. Barrieren, die ihnen zugeordneten Sicherheitsfunktionen und deren charakteristische Parameter (modifiziert nach GRS 2010)

Komponente Barriere	Radionuklidrückhaltende Sicherheitsfunktion	Charakteristische Parameter
1 Behälter		
	Begrenzung/Verhinderung Lösungszutritt zum Abfallprodukt wegen Dichtwirkung Behälterwandung	Dicke Behälterwandung, Korrosionsbeständigkeit, Druck- und Zugfestigkeit, Qualitätssicherung, → Standzeit, Ausfallrate
	Begrenzung der Radionuklidausbreitung durch Löslichkeitsgrenzen	pH, Temperatur, Redoxpotenzial, Lösungszusammensetzung, Komplexierung, Kinetik der Auflösung, Ausfällung, Radionuklidspezifikation, Lösungsbewegung → Löslichkeitsgrenze
	Verzögerung der Radionuklidausbreitung durch Sorption am Behältermaterial	Anzahl der Sorptionsplätze, Elementarzusammensetzung
2 Versatz		
	Begrenzung/Verhinderung von Lösungsbewegung und Radionuklidtransport	Porosität, Permeabilität, Diffusivität, diffusionsdominierter Transport, Selbstabdichtung durch Quellen oder Konvergenz, diffusionsdominierter Transport
	Begrenzung der Radionuklidausbreitung wegen Löslichkeitsgrenzen	pH, Temperatur, Redoxpotenzial, Lösungszusammensetzung, Komplexierung, Radionuklidspezifikation, Lösungsbewegung Kinetik d. Auflösung, Ausfällung → Löslichkeitsgrenze
	Verzögerte Radionuklid-Ausbreitung durch Sorption	Mineralzusammensetzung, Korngröße, Porosität, organischer Anteil, Belegung Sorptionsplätze, → Kd-Wert (Sorptionskonstante)
3 Abdichtung, Dämme		
	Begrenzung/Verhinderung von Lösungsbewegung und Radionuklid-Transport	Porosität, Permeabilität, Diffusivität, diffusionsdominierter Transport, Selbstabdichtung durch Quellen oder Konvergenz
	Verzögerung der Radionuklid-Ausbreitung durch Sorption	Mineralzusammensetzung, Korngröße, Porosität, organischer Anteil, Belegung Sorptionsplätze, → Kd-Wert
4 Schachtverschluss		
	Begrenzung/Verhinderung von Lösungsbewegung und Radionuklid-Transport	Porosität, Permeabilität, Diffusivität, diffusionsdominierter Transport, Länge der Abdichtung, Kontaktbündigkeit Nebengebirge, Selbstabdichtung durch Quellen oder Konvergenz (Bentonit)

(Fortsetzung)

6.4 Bewertung nach Sicherheitsfunktionen und Robustheitsdefiziten ...

Tab. 6.1 (Fortsetzung)

Komponente Barriere	Radionuklidrückhaltende Sicherheitsfunktion	Charakteristische Parameter
	Verzögerung der Radionuklid-Ausbreitung durch Sorption	Mineralzusammensetzung, Korngröße, Porosität, organischer Anteil, Belegung Sorptionsplätze, → Kd-Wert
5 Einschlusswirksamer Gebirgsbereich		
	Begrenzung/Verhinderung von Lösungsbewegung und Radionuklid-Transport	Porosität, Diffusivität, Permeabilität inkl. 2-Phasen-Parameter, Ausdehnung des Wirtsgesteins um das Endlager-Bergwerk, für die die charakteristischen Eigenschaften der rückhaltenden Sicherheitsfunktionen gelten
	Verzögerung der Radionuklid-Ausbreitung durch Sorption	Mineralzusammensetzung, Korngröße, Porosität, organischer Anteil, Belegung Sorptionsplätze, → Kd-Wert

der Beurteilung des Barrierensystems berücksichtigt werden. Einwirkungen auf einzelne Barrieren können zum Beispiel Lösungsmittel, hoher Druck und Temperatur oder auch eine neue Kaltzeit mit mächtigen Gletscherbildungen und tiefen Erosionsrinnen sein.

Die „Konstruktion" eines optimalen Barrierensystems für einen spezifischen End- oder Tiefenlagerstandort wird in einem Sicherheitskonzept (siehe Abschn. 6.2.1) niedergelegt. Darin sind die Anforderungen an die einzelnen Barrieren (oder auch Komponenten) des Lagers genau beschrieben. Das gleiche gilt für ihr zeitliches Zusammenwirken. Zusätzlich zu dem Sicherheitskonzept wird ein Nachweiskonzept erstellt. Darin sind die notwendigen Nachweise für die Einzelbarrieren und das Barrierensystem festgelegt. Sicherheitskonzept und Nachweiskonzept sind als Grundlage zum Nachweis der Langzeitsicherheit bei End- bzw. Tiefenlagern erforderlich.

Betrachtet man einzelne Barrieren, so stellt sich die Frage, welche Merkmale der Barriere eigentlich für ihre Isolationsleistung verantwortlich sind. Dabei kommt es auf eine Betrachtungsebene an, die die spezifischen Detailmerkmale (Parameter) umfasst. Beispielsweise sind das bei Tonstein die Durchlässigkeit und seine Porosität, die eine mehr oder weniger deutliche Wasserbewegung ermöglichen oder aber auch verhindern. Eine andere wichtige Eigenschaft ist bei Tonstein die Sorption, das heißt die zeitweise oder dauerhafte Anbindung der mit Wasser transportierten radioaktiven Stoffe an die Matrix des umgebenden Tonsteins. Wichtige charakteristische Parameter werden in Tab. 6.1 verschiedenen Barrieren zugeordnet.

Neben einem guten Barrierensystem wird zusätzlich gefordert, dass die einzelnen Barrieren robust sein sollen. Das bedeutet, dass sie gegenüber Einwirkungen, die aus dem Endlager selbst kommen können, wie zum Beispiel Wärme, oder aber von außen eingreifen, zum Beispiel Erosion, möglichst widerstandsfähig sind. Beispielsweise gelten ein Gestein oder eine technische hergestellte Dichtung, die auch bei starker Einwirkung ihre abdichtende Funktion beibehalten, als robust. Wenn sie bereits bei schwacher Einwirkung ihre abdichtende Funktion weitgehend verlieren, sind sie als nicht robust zu bezeichnen. Robuste Barrieren besitzen zusätzlich den Vorteil, vorhandene Ungewissheiten hinsichtlich des Verhaltens einzelner Barrieren zumindest teilweise kompensieren zu können. Robustheit beschreibt also die Widerstandskraft der Barrieren gegen Einwirkungen.

Die Robustheit einer Barriere ist nicht von vorne herein einfach festlegbar oder bestimmbar. Sie hängt vielmehr und entscheidend von der Ausprägung der einzelnen Funktionen der Barriere ab, und zwar auf der Parameterebene. Denn nur die Parameter kann man mittels Messapparaturen bestimmen und in ihrer Wirksamkeit bewerten. Beispielsweise hängt die Bewegung des Wassers in einem Gestein wesentlich von der Gesteinsdurchlässigkeit und der Porosität ab. Diese beiden Parameter kann man bestimmen und bewerten.

Man kann also feststellen, dass die einzelne Barrierefunktion als Sicherheitsfunktion gedeutet werden muss, denn sie ist der eigentliche Träger der Isolationsleistung der Barriere. Sicherheitsfunktionen dienen in ihrer Gesamtheit der Erfüllung definierter sicherheitsrelevanter Anforderungen in der Nachbetriebsphase von End- bzw. Tiefenlagern. Ihre übergeordnete integrale Aufgabe besteht also in der langfristigen Isolation der Schadstoffe in End- bzw. Tiefenlagern. Damit stellt sich ein Bezug der Sicherheitsfunktionen zum Sicherheitskonzept bzw. den Komponenten des Barrieresystems dar.

Wird eine Sicherheitsfunktion einer Barriere auf der Parameterebene auf ihre Robustheit geprüft und bewertet, dann erhält man – je nach Anzahl der die Sicherheitsfunktion bestimmenden Parameter – unterschiedliche Robustheitsgrade für die verschiedenen Parameter der Sicherheitsfunktion. Um zu einer einheitlichen Aussage über die Robustheit der Sicherheitsfunktion zu gelangen, muss man die Einzelbewertungen auf der Parameterebene zu einer Gesamtaussage aggregieren. Diese Zusammenführung der Einzelbewertungen muss auf einer sogenannten Ordinalskala geschehen.

Zur Prüfung und Bewertung der Robustheit einer jeden Sicherheitsfunktion auf der Parameterebene werden Kriterien und Bewertungsmaßstäbe benötigt. Zudem muss die Bedeutung der Sicherheitsfunktion im Zeitverlauf bekannt sein, um die richtigen Bewertungsmaßstäbe anlegen zu können. Und als wesentliche Einflussgröße sind die denkbaren zukünftigen Einwirkungen von innen oder außen auf die Sicherheitsfunktion zu berücksichtigen. All diese Aspekte können an dieser Stelle nicht weiter ausgeführt werden. Nähere Hinweise dazu liefern Kreusch und Neumann (2018) im Rahmen des Projektes ENTRIA oder die GRS (2010) bei der Entwicklung des methodischen Ansatzes.

Mit der Bestimmung der Robustheit wesentlicher Sicherheitsfunktionen einer Barriere hat man einen wichtigen Schritt getan. Um jedoch die Robustheitsdefizite bestimmen zu können, muss zusätzlich die zeitabhängige Bedeutung oder Relevanz der einzelnen Sicherheitsfunktionen für das gesamte Sicherheitskonzept berücksichtigt werden. So kommt zum Beispiel dem Salzgrusversatz bei Endlagerung im Salz während der ersten Jahrhunderte keine besonders hohe Sicherheitsbedeutung zu, da der Versatz dann noch zu durchlässig ist. Langfristig kommt ihm aber eine äußerst hohe Bedeutung zu, da er durch seine fortschreitende Kompaktion aufgrund des wirkenden Gebirgsdruckes immer geringer durchlässig wird.

Aus der Beziehung der beiden Größen „Robustheit der Sicherheitsfunktion" und „Relevanz der Sicherheitsfunktion" zueinander kann man dann die vorhandene Robustheitsdefizite der einzelnen Sicherheitsfunktionen für die verschiedenen Wirtsgesteine und Lagertypen ableiten. Nach GRS (2010) ist der Begriff „Robustheitsdefizit" als Abweichung eines betrachteten End- bzw. Tiefenlagersystems von einem End- bzw. Tiefenlagersystem mit „idealer Robustheit" zu verstehen. Es wird also davon ausgegangen, dass ein End- bzw. Tiefenlagersystem eine „ideale" Robustheit aufweist, wenn alle Sicherheitsfunktionen eine – bezogen auf ihre Relevanz – angemessene Robustheit aufweisen. Sicherheitsfunktionen, die eine unverzichtbare, hohe Relevanz aufweisen, müssen also auch eine entsprechend hohe Robustheit besitzen. Ist dies nicht der Fall, liegt ein Robustheitsdefizit vor. Überall dort, wo Robustheitsdefizite vorliegen, muss man mit Schwachpunkten bei den Sicherheitsfunktionen rechnen, die sich negativ auf die Gesamtsicherheit des End- bzw. Tiefenlagersystems auswirken können. Anhand der identifizierten Robustheitsdefizite lassen sich weitergehende Überlegungen darüber anstellen, wie man damit umgeht und welche Konsequenzen daraus für das End- bzw. Tiefenlager resultieren (s. dazu Abschn. 6.4.2 und 6.4.4).

6.4.2 Welche Robustheitsdefizite zeigen sich bei End- und Tiefenlagern?

In Kreusch und Neumann (2018) wurden für die beiden generischen Modelle der End- bzw. Tiefenlagerung (siehe Abschn. 2.1) insgesamt vier Robustheitsdefizite bei verschiedenen Barrieren bzw. Komponenten für die Wirtsgesteine Steinsalz und Tonstein identifiziert:

1. Bei der Komponente Versatz im Salzgestein für die Sicherheitsfunktion „Begrenzung/Verhinderung von Lösungsbewegung und Radionuklidtransport" für den Zeitraum ab 1.000 Jahren bis zum Ende des Nachweiszeitraumes von 1 Mio. Jahre. Das ist genau der Zeitraum, für den der Versatz die ihm zugedachte Sicherheitsfunktion erfüllen muss.
2. Bei der Komponente Streckenabdichtung/Dämme im Salzgestein für die Sicherheitsfunktion „Begrenzung/Verhinderung von Lösungsbewegung und Radionuklidtransport" für den Zeitraum $t < 1000$ Jahren bis zu 10.000 Jahren. Das ist genau der Zeitraum, für den Streckenabdichtungen/Dämme ihre Funktion als schnell wirkender Verschluss gemäß Sicherheitskonzept erfüllen müssen.
3. Bei der Komponente Schachtverschluss im Salzgestein für die Sicherheitsfunktion „Begrenzung/Verhinderung von Lösungsbewegung und Radionuklidtransport" für den Zeitraum $t < 1000$ Jahren bis zu 10.000 Jahren. Das ist genau der Zeitraum, für den der Schachtverschluss seine Funktion als schnell wirkender Verschluss gemäß Sicherheitskonzept erfüllen muss.

4. Bei der Komponente einschlusswirksamer Gebirgsbereich im Tonstein für die Sicherheitsfunktion „Begrenzung/Verhinderung von Lösungsbewegung und Radionuklidtransport" für den Zeitraum ab 10.000 Jahren bis zum Ende des Nachweiszeitraumes von 1 Mio. Jahre. Für diesen Zeitraum besitzt der ewG höchste Relevanz, denn ab ca. 10.000 Jahren muss man vom Funktionsverlust der schnell wirkenden Barrieren ausgehen.

Die Robustheitsdefizite bei (1) und (3) haben einen gemeinsamen Grund: Es herrscht derzeit immer noch Ungewissheit darüber, ob die Kompaktion von Salzgrus bei sehr kleinen Porositäten tatsächlich zu Eigenschaften führt, die denen des „gewachsenen" Steinsalzes gleich oder zumindest so nahe kommen, dass die erforderliche Isolation der Schadstoffe gewährleistet ist. Man muss folgendes bedenken: Das heutige Sicherheitskonzept für das Wirtsgestein Salz beruht ganz wesentlich auf der ausreichenden Kompaktion des Salzgrusversatzes, mit dem die Zuwegungen in den und innerhalb des einschlusswirksamen Gebirgsbereichs verschlossen werden müssen. Fällt dies weg oder kann der Nachweis nicht erbracht werden, dann wird das Sicherheitskonzept obsolet. Dies betrifft insbesondere den Strecken- und sonstigen Hohlraumversatz bei Robustheitsdefizit (1).

Die Ursache des Robustheitsdefizites (3) liegt ebenfalls in dem derzeit unzureichenden Kenntnisstand über die Kompaktion des Abdichtelementes Salzgrus im Schachtverschluss. Dieses Robustheitsdefizit bezieht sich allerdings nur auf das Dichtelement Salz, und nur dieses ist hier bewertet worden. In der Realität werden aber sehr wahrscheinlich redundante und diversitäre Dichtungen beim Schachtverschluss zum Einsatz kommen. Es gibt eine Vielfalt entsprechender Vorschläge, die immer standortspezifisch sein müssen. Wegen des fehlenden Standortbezuges konnte dies nicht berücksichtigt werden. Die Ursache des Robustheitsdefizits beim Abdichtelement Salz darf also nicht gleichgesetzt werden mit einem eventuellen nicht vorhandenen Robustheitsdefizit eines gesamten Schachtverschlusses.

Das Robustheitsdefizit (2) ergibt sich aus den Eigenschaften von Salzbeton, der für Streckenabdichtungen benutzt wird. Bei ihm tauchen zwei Probleme auf: Zum einen die thermisch induzierte Rissbildung während des Hydratationsprozesses, zum zweiten mögliche chemische Lösungseinwirkungen, die zur Salzkorrosion führen können. Für beide Probleme liegen derzeit noch keine abgesicherten Lösungen bereit.

Das Robustheitsdefizit (4) ist zurückzuführen auf den (angenommenen) Standort für die hier untersuchten Modelle der End- bzw. Tiefenlagerung in Norddeutschland in einem Bereich, in dem kaltzeitliche Eisüberfahrungen mit tiefer erosiver Rinnenbildung nicht auszuschließen sind. Für den betroffenen Tonsteinstandort kann dies zu einem schwerwiegenden Problem für den ewG führen, wenn es zu einer tiefen Rinnenbildung kommt und gleichzeitig das End- oder Tiefenlager nicht genügend Tiefenlage aufweisen. Hier tritt das klassische Zielproblem auf zwischen dem aus Sicherheitsgründen möglichst tief liegenden End- bzw. Tiefenlager einerseits und der gebirgsmechanischen Beherrschbarkeit eines tief liegenden Endlagers in Tonstein andererseits. Bei einem

Tiefenlager in Tonstein stellt sich das Problem wegen seiner längeren Offenhaltungszeit noch schärfer. Dieses Dilemma gilt prinzipiell auch für Salzgestein, stellt sich in der Realität aber nicht in der Schärfe wie bei Tonstein, weil Salz selbst in größeren Teufen ohne Ausbau noch beherrschbar ist.

Die Robustheitsdefizite (1) und (3) beruhen auf Ungewissheiten, die mit der Kompaktion von Salzgrus zusammenhängen. Es sind im Sinne von Eckhardt und Rippe (2016) „bekannte Unbekannte", das heißt, Informationsdefizite, die erkannt sind und mit weiteren Untersuchungen behoben werden müssen. Daraus ergibt sich ein nicht quantifizierbares, aber beschreibbares Risiko, das von der entsprechenden Komponente Versatz derzeit ausgeht. Dieses Risiko ist nicht vernachlässigbar. Sofern es nicht gelingt, den Nachweis einer ausreichenden Kompaktion zu erbringen, besteht ein hohes Risiko für das Versagen des Isolationsvermögens beim End- bzw. Tiefenlager. Dieses epistemische Risiko greift also von der Komponente Versatz über die entsprechende Sicherheitsfunktion auf das dem End- und Tiefenlager zugrunde liegende Sicherheitskonzept in Salz über und kann dieses wegen der zentralen Bedeutung des Versatzes zu Fall bringen.

Das Robustheitsdefizit (2) ist ebenfalls der Kategorie „bekannte Unbekannte" zuzuordnen, ist aber nicht von solch zentraler Bedeutung für das Sicherheitskonzept für End- und Tiefenlager in Salz. Vor allem bezieht es sich nur auf eines von mehreren geplanten Dichtelementen, und man kann gegebenenfalls auch auf dieses Element verzichten bzw. es durch ein anderes Material ersetzen, wenn die Frage der Kompaktion von Salzgrus nicht gelöst werden sollte.

Das Robustheitsdefizit (4) ist von anderer Qualität als die drei Vorhergehenden. Es handelt sich hierbei um zukünftige Vorgänge (Eisüberfahrung mit tiefer Rinnenbildung), die mit einer gewissen (aleatorischen) Wahrscheinlichkeit eintreten werden und gegebenenfalls das Isolationsvermögen des End- oder Tiefenlagers beeinträchtigen können. Dem Aktualitätsprinzip zufolge darf man annehmen, dass in der Zukunft in bestimmten Gebieten entsprechende Vorgänge stattfinden werden, weil sie nachweislich in der Vergangenheit dort stattgefunden haben. Diese Vorgänge sind nicht zu verhindern. Man kann ihnen nur räumlich aus dem Wege gehen – mit einem anderen Standort und/oder größerer Tiefenlage.

Zusammenfassend ist festzustellen, dass die Robustheitsdefizite (1) bis (3) Wissenslücken zum Vorschein bringen, die geschlossen werden müssen. Wenn dies beispielsweise für die Kompaktion des Salzgrusversatzes gelingen sollte, dann würde das entsprechende Robustheitsdefizit wegfallen. Damit wäre ein beträchtlicher Schritt in Richtung eines validen Nachweiskonzeptes getan.

Bei Robustheitsdefizit (4) geht es nicht um das Schließen von Wissenslücken, sondern um rationales Handeln vor dem Hintergrund zukünftiger wahrscheinlich stattfindender eiszeitlicher Vorgänge in bestimmten Gebieten in Norddeutschland mit potenziell geeigneten Tonsteinvorkommen. Hierzu kann das kürzlich begonnene Auswahlverfahren für einen deutschen Endlagerstandort einen gewichtigen Beitrag liefern.

6.4.3 Wie geht man mit Robustheitsdefiziten um?

Soweit die Robustheitsdefizite auf unzureichender Kenntnislage zu sicherheitsrelevanten Prozessabläufen beruhen – wie die oben erwähnten Robustheitsdefizite (1) bis (3) – besteht der erste Schritt darin, die Kenntnislücken zu schließen. Da diese Kenntnislücken auch Vorgänge umfassen, die in der weiteren Zukunft von bis zu einer Million Jahren liegen, ist diese Aufgabe nicht unbedingt trivial zu lösen. Es stellt sich beispielsweise die Frage, wie man eine ausreichende Salzgruskompaktion mit den geforderten hydraulischen Eigenschaften nachweist, die vielleicht erst nach etlichen hundert Jahren erreicht wird.

Ein weiterer Ansatz zum Umgang mit Robustheitsdefiziten ist, die Komponenten Streckenabdichtung/Dämme oder die Dichteelemente der Schachtverschlüsse auf die umgebenden Standorteigenschaften zu optimieren und/oder mit alternativen Baustoffen zu arbeiten. Kann oder will man die Kenntnislücken nicht schließen, dann bleiben die mit den Robustheitsdefiziten identifizierten Schwachstellen bestehen. Sie beziehen sich einerseits auf die Wirtsgesteine Salz und Tonstein, andererseits hängen sie aber auch vom Sicherheitskonzept des End- bzw. des Tiefenlagers ab, denn dieses gibt die Relevanz der einzelnen Systemkomponenten vor und stellt zugleich die Verbindung zum Wirtsgestein her.

Als ersten Schritt zur Lösung könnte man also auf ein Wirtsgestein mit nicht lösbaren Robustheitsdefiziten verzichten und sich auf ein anderes konzentrieren, das geringere Probleme mit sich bringt – sofern das der Fall sein sollte. Will man diesen Weg nicht gehen oder ist er versperrt, verbleibt die Möglichkeit, das Sicherheitskonzept von Salz bzw. Tonstein für die Tiefenlager zu verändern. Dabei könnte man beispielsweise die zeitabhängige Relevanz der einzelnen Komponenten verändern oder andere Komponenten zu einem völlig neuen Sicherheitskonzept vereinen. Es wäre aber nicht akzeptabel, die Anforderungen an eine Sicherheitsfunktion mit einem Robustheitsdefizit abzuschwächen, ohne einen nachweisbaren Ersatz durch eine andere (neue) Sicherheitsfunktion zu ermöglichen.

Die im Robustheitsdefizit (4) zutage tretende Standortabhängigkeit des Tonsteins kann nur durch die Auswahl eines Standortes gelöst werden, bei dem das Problem der tiefen Rinnenbildung mit Eisüberfahrung nicht auftritt.

6.4.4 Wie wirken sich die Robustheitsdefizite auf die Bewertung der Entsorgungsoptionen aus?

Die identifizierten Robustheitsdefizite beziehen sich auf die generischen Modelle des End- bzw. Tiefenlagers. Beiden Modellen liegt das gleiche Sicherheitskonzept mit bestimmten Barrieren/Komponenten sowie Sicherheitsfunktionen zugrunde, deren zeitabhängige Wirksamkeiten aufeinander abgestimmt sind. Dieses Sicherheitskonzept gilt für die beiden betrachteten Wirtsgesteinstypen Salz- und Tonstein.

Die Ermittlung der Robustheitsdefizite zeigt den starken Einfluss der Wirtsgesteine in Verbindung mit dem Sicherheitskonzept auf. Vor- oder Nachteile der Entsorgungsoption Endlager gegenüber der Entsorgungsoption Tiefenlager ergeben sich durch die Ermittlung der Robustheitsdefizite für die Langzeitsicherheit nicht. Das gilt sowohl für Lagerung in Salz als auch in Tonstein. Der Grund dafür liegt im Wesen der Langzeitsicherheit, die über extrem lange Zeiträume reichen soll. Vor diesen langen Zeiträumen erscheinen Maßnahmen zu Monitoring und Rückholung bei Tiefenlagern, die maximal einige wenige Jahrhunderte dauern, von sehr geringer Bedeutung. Dies gilt jedenfalls dann, wenn der Standort des End- bzw. Tiefenlagers gut ausgewählt worden ist und während des Monitoringzeitraums Maßnahmen vermieden werden, die Auswirkungen auf die langzeitwirksamen Sicherheitsfunktionen haben.

Die Ermittlung einer höheren Zahl von Robustheitsdefiziten für Lagerung in Salz gegenüber der in Tonstein weist zwar auf Schwachstellen hin, ist aber für den Vergleich von End- und Tiefenlager auf der gewählten generischen Ebene derzeit noch nicht von Bedeutung. Löst man jedoch das Problem der Salzgruskompaktion und spezifische Probleme des Salzbetons, dann treten wesentliche Robustheitsdefizite nicht mehr auf. Analoges gilt für Tonstein: Findet man einen guten Standort außerhalb der Region mit tiefer Rinnenbildung, dann ist ein schwerwiegendes Robustheitsdefizit des ewG vermieden. Können diese Probleme nicht gelöst werden, bedeutet dies Nachweisschwierigkeiten für die Langzeitsicherheit, sofern nicht ein ganz anderer Ansatz für die End- bzw. Tiefenlagerung gefunden wird.

Wie die Ermittlung der Robustheitsdefizite und die damit zusammenhängenden Überlegungen zeigen, ist die Bewertung auch dieser Gesichtspunkte bei End- bzw. Tiefenlagern sehr stark standortabhängig. An einem schlecht ausgewählten Standort ist weder ein End- noch ein Tiefenlager ohne größere Robustheitsdefizite, das heißt risikominimiert, zu realisieren. Sowohl ein End- als auch ein Tiefenlager kann nur an einem gut ausgewählten Standort optimal umgesetzt werden („Standort mit der bestmöglichen Sicherheit" nach StandAG (2017), § 1 Abs. 2, Satz 2).

Dass dabei die potenziellen Nachteile eines Tiefenlagers gegenüber einem Endlager auch bei der Bewertung berücksichtigt werden müssen, sollte selbstverständlich sein. Dazu gehören beispielsweise die nach Ende der Einlagerungsphase längere Offenhaltung des Tiefenlagers während der Monitoringphase, die stärkere Durchörterung des Wirtsgesteins und des ewG (zum Beispiel zweite Sohle, viele Monitoringbohrungen, Kabelverbindungen zu den Sensoren), Fragen der Proliferation/Safeguards usw. Diese Aspekte spielen mit Blick auf den sehr langen Nachweiszeitraum keine besondere Rolle, stellen aber während des Monitoringzeitraums ein spezielles Risiko dar. Dies gilt nicht zuletzt mit Blick auf die unvorhersehbare Entwicklung der menschlichen Gesellschaft und ihrer Handlungsmöglichkeiten (Eckhardt 2018).

Die Entscheidung, ob ein End- oder ein Tiefenlager „besser" ist, wird jedoch nicht alleine naturwissenschaftlich-technisch mit Blick auf die Sicherheit entschieden. Es werden dabei auch übergreifende gesellschaftliche Aspekte von Bedeutung sein, zum Beispiel die Akzeptabilität.

6.5 Bewertung nach radiologischen Risiken und schwerwiegenden Einwirkungen von außen

Bei der Diskussion um eine möglichst sichere Entsorgungsoption steht meist die Langzeitsicherheit im Mittelpunkt. Bei der Auswahl einer Entsorgungsoption sind jedoch auch Strahlenbelastungen von Bedeutung, die während dem Betrieb von Entsorgungsanlagen übertägig auf Mensch und Umwelt wirken und denen das Betriebspersonal ausgesetzt ist. Ebenso sind die potenziellen radiologischen Auswirkungen nach Störfällen von Bedeutung. Die Betriebssicherheit sollte deshalb künftig verstärkt in die Diskussion einbezogen werden. Darüber hinaus sollten die möglichen radiologischen Auswirkungen nach zivilisationsbedingten schwerwiegenden Einwirkungen von außen berücksichtigt werden.

Als qualitativer Vergleichsmaßstab wird daher die potenzielle Strahlenbelastung in der Betriebsphase herangezogen. Sie gehört zu den kalkulierbaren Risiken und ist ein gesellschaftlich besonders relevanter Aspekt. Bei der Bewertung geht es um eine möglichst geringe Strahlenbelastung bzw. ihre Minimierung.

Der Risikovergleich soll ab dem Moment der Entscheidung für eine Entsorgungsoption erfolgen. Deshalb muss der gesamte Entsorgungspfad für die jeweilige Entsorgungsoption betrachtet werden. Im Folgenden werden die für den Risikovergleich berücksichtigten Ursachen für Strahlenbelastungen, Ansätze für eine Methodik zu einem Vergleich und die Ergebnisse des Vergleichs dargestellt. Dies erfolgt getrennt für radiologische Risiken durch den Normalbetrieb und betrieblich bedingte Störfälle einerseits und Risiken durch schwerwiegende Einwirkungen von außen andererseits.

6.5.1 Radiologische Risiken während der Betriebsphase

Für den Vergleich der Entsorgungspfade werden folgende Risiken betrachtet:

- Strahlenbelastungen für das Personal im Normalbetrieb,
- Strahlenbelastungen für Personen aus der Bevölkerung im Normalbetrieb,
- Strahlenbelastungen nach betrieblich bedingten Störfällen für Personen aus der Bevölkerung.

Risiken

Normalbetrieb allgemein. Bei allen zur praktischen Umsetzung der Entsorgungspfade erforderlichen Tätigkeiten treten durch künstliche Radionuklide verursachte und natürlich bedingte Strahlenbelastungen auf. Die künstlichen Radionuklide wurden während des Einsatzes des Kernbrennstoffes im Reaktor erzeugt. Sie sind sowohl in den bestrahlten Brennelementen als auch in den Abfällen aus der Wiederaufarbeitung enthalten. Strahlenbelastungen natürlichen Ursprungs über Tage entstehen durch aus dem Weltraum kommende und von Radionukliden im Boden verursachte Strahlung. Diese natürliche Strahlenbelastung ist aber unabhängig von den Tätigkeiten und gilt gleichermaßen für Personal und andere Personen aus der Bevölkerung. Deshalb muss die bei den übertägigen Arbeitsschritten, zum Beispiel im Eingangs- oder Oberflächenlager, auftretende natürlich bedingte Direktstrahlung bei einem Risikovergleich nicht berücksichtigt werden.

In einem End- oder Tiefenlager werden Strahlenbelastungen durch die natürlicherweise im Wirtsgestein vorhandenen Radionuklide der Uran- und Thoriumzerfallsreihen bzw. deren freigesetzte Tochternuklide, vor allem Radon, und deren Zerfallsprodukten sowie durch Kalium 40 hervorgerufen. Diese Strahlenbelastungen treten für Personal und Personen aus der Bevölkerung beim Auffahren der Hohlräume, Vorbetrieb, Betrieb und Verschließen der Lager auf. Das heißt, sie sind durch anthropogenes Handeln bedingt. Deshalb wird die dabei durch natürlich vorhandene Radionuklide verursachte Strahlenbelastung beim Vergleich der Entsorgungsoptionen berücksichtigt. Dies entspricht dem internationalen Stand, da dies beispielsweise seit längerer Zeit von der Internationalen Strahlenschutzkommission gefordert wird (ICRP 1991). Die Notwendigkeit hierzu ergibt sich auch aus der EU-Strahlenschutzgrundnorm von 2013 (EU 2013) und wurde von der deutschen Strahlenschutzkommission für Personen aus der Bevölkerung bestätigt (SSK 2015).

Normalbetrieb Personal. Während der Handhabungen der Behälter über und unter Tage sowie dem Umladen oder der Konditionierung der hoch radioaktiven Abfälle können Strahlenbelastungen in Bezug auf künstliche Radionuklide durch Direktstrahlung und in geringerem Umfang durch Aufnahme von Radionukliden in den Körper verursacht werden (Neumann und Kreusch 2018b).

In Bergwerken in Ton- und kristallinen Gesteinsformationen ist durch natürliche Radionuklide in der Regel von höheren natürlich bedingten Ortsdosisleistungen auszugehen als in Salzformationen. Die Angaben in den Planfeststellungsunterlagen zum geplanten Endlager Konrad bestätigen, dass diese Strahlenbelastungen nicht vernachlässigbar sind. Die potenzielle Strahlenbelastung von Beschäftigten durch Direktstrahlung wird dort mit 0,23 mSv/a angegeben. Einschließlich der Belastung durch Inhalation, vor allem von Radon und seinen Folgeprodukten, werden 4,1 mSv/a als Individualdosis für Beschäftigte unter Tage abgeschätzt (BfS 1990). Diese Strahlenbelastung liegt zwar unter dem zulässigen Grenzwert für strahlenexponiert Beschäftigte, ist aber höher als die mittlere Dosis, für die in einer großen epidemiologischen Studie ein signifikanter Zusammenhang zwischen der Strahlenbelastung und tödlich verlaufenden Krebserkrankungen, zum Beispiel Leukämie, festgestellt wurde (Leuraud et al. 2015). Insofern ist es für einen Vergleich der Entsorgungspfade relevant, die Strahlenbelastungen durch natürliche Radionuklide für das Personal unter Tage zu berücksichtigen.

Normalbetrieb Personen aus der Bevölkerung. Der über- und untertägige Umgang mit den hoch radioaktiven Abfällen bzw. den Behältern, in denen sie sich befinden, kann Risiken durch Strahlenbelastungen für Personen aus der Bevölkerung verursachen. Dies kann durch ionisierende Direkt- und Streustrahlung oder Freisetzungen von Radionukliden erfolgen.

Durch die künstlichen Radionuklide verursachte Direkt- und Streustrahlung tritt für Personen aus der Bevölkerung bei allen drei Entsorgungspfaden bei der übertägigen Lagerung von Behältern und vor allem während der Transporte zwischen den in Abschn. 6.1 aufgeführten verschiedenen Einrichtungen auf. Die bei den Entsorgungspfaden für die End- und Tiefenlagerung mit untertägiger Handhabung verbundene Direktstrahlung wird für Personen aus der Bevölkerung vollständig abgeschirmt und die nach über Tage gelangende Streustrahlung ist so gering, dass sie nicht berücksichtigt werden muss.

Strahlenbelastungen nach Freisetzung von Radionukliden werden durch radioaktive Ableitungen aus Anlagen mit Abluft und Abwasser verursacht. Diese radioaktiven Ableitungen enthalten künstliche und bei End- und Tiefenlagern auch die hier berücksichtigten natürlichen Radionuklide.

Die übertägig zu handhabenden und zu lagernden Transport- und Lagerbehälter sind sehr dicht. Deshalb müssen Strahlenbelastungen durch Freisetzung von Radionukliden für einen qualitativen Risikovergleich nicht berücksichtigt werden (Neumann und Kreusch 2018b). Für den Endlagerbehälter gibt es bisher keine spezifizierten Angaben zu seiner Dichtheit. Deshalb wird für den untertägigen Umgang eine sehr geringe, nicht auszuschließende Freisetzung bis zum Abschluss der Einlagerungsphase unterstellt. Die größte Freisetzung von künstlichen Radionukliden wird es während Konditionierung und Umladung von den hoch radioaktiven Abfällen in der übertägigen Heißen Zelle geben.

Die natürlicherweise im Wirtsgestein von End- und Tiefenlagern vorhandenen Radionuklide bzw. die dadurch freigesetzten Radionuklide sind für Personen aus der Bevölkerung wegen der Ableitungen aus dem Bergwerk (Abwetter und Abwasser) und Freisetzungen (hauptsächlich Radon) aus übertägigen Haufwerkhalden, die aus dem für das Bergwerk aufgefahrenen Gestein bestehen, relevant.

Laut Planfeststellungsbeschluss für das geplante Endlager Konrad können mit dem Abwetter bzw. dem Abwasser freigesetzte natürliche Radionuklide einen erheblichen Teil zur Gesamtdosis bei Personen aus der Bevölkerung beitragen. Es können Maßnahmen zur Begrenzung der Ableitung natürlicher Radionuklide erforderlich sein (NMU 2002). Für den risikoorientierten Vergleich der Entsorgungspfade für die End- und Tiefenlagerung gibt es für eine qualitative Kategorisierung von mit dem Abwetter freigesetzten natürlichen Radionukliden hinreichende Kenntnisse, um sie bewerten zu können. Beim Abgabepfad Abwasser sind die Konzepte für End- oder Tiefenlager für hoch radioaktive Abfälle noch nicht ausreichend konkretisiert, um einen Vergleich durchführen zu können.

Außer durch Abluft und Abwasser kann eine Strahlenbelastung auch durch das aus den Auffahrungen im Bergwerk stammende Gestein (Haufwerk) erfolgen. Das Haufwerk wird zum Teil nach über Tage gefördert und in der Nähe der Schächte unabgedeckt aufgehaldet, bis es bei der Stilllegung des Bergwerkes zur Verfüllung wieder nach unter Tage gebracht wird. Während der übertägigen Lagerung werden Strahlenbelastungen für Personen aus der Bevölkerung durch Freisetzung gasförmiger Radionuklide und durch Verwehung aerosolgebundener Radionuklide verursacht.

Betrieblich bedingte Störfälle. Für die Strahlenbelastungen von Personen aus der Bevölkerung nach Störfällen sind nur die in den hoch radioaktiven Abfällen enthaltenen künstlichen Radionuklide relevant. Bei der Berechnung werden sowohl Strahlenbelastungen durch die Aufnahme der Radionuklide in den Körper (Inhalation, Ingestion) als auch durch die von den Radionukliden verursachte Direktstrahlung berücksichtigt. Für die Schadensausmaße ist bei einem qualitativen Risikovergleich der Entsorgungspfade aber keine Differenzierung nach Belastungspfad notwendig. Es kann allein der zu den Strahlenbelastungen führende Freisetzungsquellterm herangezogen werden.

Methodik

Während der Betriebsphase eines End- bzw. Tiefenlagers oder in einem Oberflächenlager bzw. regionalen Zwischenlager kommt es bei menschlichen Tätigkeiten zu Risiken durch Strahlenbelastungen beim Umgang mit den hoch radioaktiven Abfällen und ggf. durch Strahlenbelastungen nach Freisetzung radioaktiver Stoffe bei betrieblich bedingten Störfällen. Diese Risiken in Form von potenziellen Strahlenbelastungen werden für die Entsorgungspfade qualitativ betrachtet.

Da ein End- oder Tiefenlager für hoch radioaktive Abfälle weltweit nicht in Betrieb ist, liegen keine realen Erfahrungen hierzu vor. Es muss deshalb unter anderem auf generelle Erkenntnisse zu dem in Stilllegung befindlichen Endlager Morsleben, der havarierten Schachtanlage Asse II und dem geplanten und planfestgestellten Endlager Konrad für schwach und mittel radioaktive Abfälle zurückgegriffen werden. Insbesondere die sicherheitsgerichteten betrieblichen Anforderungen bei Konrad geben Hinweise auf mögliche Risiken. Für die Entsorgungsoption Oberflächenlagerung liegen für Lagerzeiträume über 50 Jahre gleichfalls noch keine betrieblichen Erfahrungen vor. Dort muss auf die Anforderungen und Erfahrungen aus dem bisherigen Betrieb der Zwischenlager für hoch radioaktive Abfälle (Brennelemente und Wiederaufarbeitungsabfälle) in Deutschland zurückgegriffen werden.

Ein risikoorientierter Vergleich für die Betriebsphase muss bei gegenwärtigem Sachstand in der Bundesrepublik überwiegend wirtsgesteinsunabhängig erfolgen. Eine anlagenspezifische Szenarienbetrachtung bzw. -analyse ist wegen des generischen Charakters der Modelle für die Entsorgungspfade und der deshalb nicht ausreichenden Informationen nicht durchführbar. Für einen Vergleich können die in Abschn. 6.1 beschriebenen Entsorgungspfade sowie ihre in Abschn. 6.2 dargelegten Sicherheitskonzepte als Grundlage herangezogen werden.

Für den risikoorientierten Vergleich der Entsorgungspfade werden diese ab der Entscheidung über Nutzung der Entsorgungsoption in die erforderlichen Arbeitsschritte zerlegt. Der Vergleich der Risiken erfolgt für zwei unterschiedliche Betrachtungszeiträume, die unabhängig voneinander bewertet werden. Für den ersten Betrachtungszeitraum werden nur die Risiken für die übertägigen Arbeitsschritte bis zum Zeitpunkt der Beförderung der Endlagerbehälter zum Schacht und deren Umladen auf Plateauwagen (End- oder Tiefenlagerung) bzw. bis zum Zeitpunkt des Abtransportes der Transport- und Lagerbehälter zum weiteren externen Verbleib (Oberflächenlagerung) verglichen. Für die

End- und Tiefenlagerung erfolgt zusätzlich ein Vergleich für jeweils alle Arbeitsschritte über und unter Tage bis zum endgültigen Verschluss der Tiefenlager. Die getrennte Betrachtung der untertägigen Modelle der Entsorgungsoptionen soll den getrennten integralen Vergleich ihrer Risiken ermöglichen. Insofern stellt die Vorgehensweise keine Doppelbewertung von Risiken über Tage im methodischen Sinn dar. Die Ergebnisse dieser beiden Risikovergleiche werden nicht aggregiert. Mit der getrennten Betrachtung wird dem Umstand Rechnung getragen, dass End- und Tiefenlagerung abgeschlossene Entsorgungsoptionen sind, während die Oberflächenlagerung nach Abschluss der Lagerdauer von ca. 200 Jahren eine unbekannte Anschlussphase besitzt, die nicht in die Bewertung einfließen kann. Deshalb ist ein Vergleich des Gesamtrisikos aller Entsorgungspfade nicht möglich.

Normalbetrieb. Der Vergleich von Risiken durch Strahlenbelastungen im Normalbetrieb bei den Entsorgungspfaden baut, anders als die Betrachtungen in Abschnitt 6.4 zu Robustheitsdefiziten von Sicherheitsfunktionen, nicht auf einer Bewertung der über eine potenzielle Genehmigungsfähigkeit hinaus gehenden Defizite auf. Die Genehmigungsfähigkeit wird zwar auch hier unterstellt. Um jedoch die Unterschiede bei der Strahlenbelastung zwischen den Entsorgungspfaden in der Betriebsphase bewerten zu können, sind Betrachtungen unterhalb der Genehmigungsschwelle erforderlich. Die Jahresgrenzwerte müssen unabdingbar eingehalten werden. Über die gesamte Betriebszeit kumuliert können die Strahlenbelastungen und damit auch die Risiken für die Entsorgungspfade jedoch sehr unterschiedlich sein.

Während für die Oberflächenlagerung die Arbeitsschritte und die Bewertungen der Strahlenbelastungen aus den Zwischenlagererfahrungen abgeleitet werden können, sind End- und Tiefenlagerung nur in ihren Grundzügen und mit unterschiedlichem Tiefgang entwickelt (DBET 2008; GRS 2011, 2012). Die notwendigen Arbeitsschritte sind in Bezug auf die Zahl der jeweils erforderlichen Personen, die Zeitdauer, die Abschirmmaßnahmen usw. nicht konkretisiert. Deshalb muss die Bewertung vorwiegend durch Experteneinschätzung und bisherige Erfahrungen sowie unter Berücksichtigung des Standes von Wissenschaft und Technik auf Grundlage des heutigen Kenntnisstandes erfolgen. Eine Grundlage der hier vorgenommenen Experteneinschätzung sind unter anderem die Planfeststellungsverfahren zum geplanten Endlager Konrad und zur Stilllegung des Endlagers Morsleben, die Genehmigungsverfahren zur Aufbewahrung und zur Konditionierung bestrahlter Brennelemente und hochradioaktiver Abfälle sowie Begutachtungen und Beratungen zum sogenannten Erkundungsbergwerk Gorleben und zur Schachtanlage Asse II.

Gegenwärtig ist die Machbarkeit der Einlagerungstechniken unter Tage in Versuchen im Originalmaßstab über Tage gezeigt, bei denen die Einrichtungen von Personal bedient werden (DBET 2009). Es ist zukünftig eine Automatisierung zu erwarten, die zu einer Verringerung der Strahlenbelastung führen kann. Auch für diesen Fall ist jedoch von der Anwesenheit von Personal auszugehen.

Das radiologische Risiko für einen Entsorgungspfad im Normalbetrieb wird durch die möglichen Strahlenbelastungen und die Zahl der betroffenen Personen bestimmt; je höher die Strahlenbelastung umso größer das Risiko. Deshalb ist zunächst die Anzahl der nach heutigem Kenntnisstand erforderlichen Arbeitsschritte relevant, bei denen Strahlenbelastungen auftreten können. Die Strahlenbelastungen werden in unterschiedliche Belastungskategorien, zum Beispiel „keine Strahlenbelastung", „eher geringe Strahlenbelastung", „eher höhere Strahlenbelastung", eingeteilt. Bei der Zuordnung der Belastungskategorie zu den einzelnen Arbeitsschritten wird berücksichtigt, wie häufig der Arbeitsschritt für die Einlagerung aller hoch radioaktiven Abfälle durchgeführt werden muss und welchen Zeitbedarf er erfordert. Zudem wird berücksichtigt, wie viele Personen an dem Arbeitsschritt beteiligt sind und ob ein direkter Kontakt von Personal zum Behälter oder eine zumindest teilweise Abschirmung gegeben ist.

Die festgelegten Belastungskategorien für die Strahlenbelastungen sind ordinale Skalen. Das heißt für einen Vergleich dürfen keine mathematischen Operationen vorgenommen werden.

Als erster Schritt des Risikovergleiches werden folgende Betrachtungen vorgenommen:

- Für die drei Entsorgungspfade werden auf Grundlage der ausgewerteten Zuordnung von Belastungskategorien zu den jeweiligen Arbeitsschritten im übertägigen Normalbetrieb getrennte Vergleiche für Personal und Personen aus der Bevölkerung in Bezug auf die hierfür zu berücksichtigenden künstlichen Radionuklide vorgenommen.
- Für die Entsorgungspfade zur End- und Tiefenlagerung werden auf Grundlage der ausgewerteten Zuordnung von Belastungskategorien zu den jeweiligen Arbeitsschritten im über- und untertägigen Normalbetrieb getrennte Vergleiche für Personal und Personen aus der Bevölkerung, hier jeweils auch getrennt in Bezug auf künstliche und natürliche Radionuklide, vorgenommen.
- Für jeden der einzelnen Vergleiche wird die risikobezogene Rangfolge der Entsorgungspfade angegeben.

Im zweiten Schritt des Risikovergleichs erfolgt eine voneinander unabhängige
Aggregation der Risiken auf Grundlage der vorstehend ermittelten Rangfolgen für zwei Fälle:

- Risikovergleich für alle Entsorgungspfade (übertägig).
- Risikovergleich für die Entsorgungspfade zur End- und Tiefenlagerung (über- und untertägig).

Für den Gesamtvergleich werden die Rangfolgen der Entsorgungspfade für die Risiken durch Strahlenbelastungen im Normalbetrieb mit den Rangfolgen der Entsorgungspfade für die betriebsbedingten Störfallrisiken aggregiert. Eine detaillierte Beschreibung der vergleichenden Risikobewertung ist Neumann & Kreusch (2018b) zu entnehmen.

Betrieblich bedingte Störfälle. Für den radiologischen Risikovergleich von Entsorgungspfaden werden betrieblich bedingte Störfälle betrachtet, die zu Freisetzungen radioaktiver Stoffe und damit zu Strahlenbelastungen der Bevölkerung führen. Das können

Störfälle sein, gegen die die Anlage so ausgelegt ist, dass der Störfallplanungswert nach § 49 Strahlenschutzverordnung (StrlSchV 2017) eingehalten wird, und solche, die auslegungsüberschreitend sind. Letztere werden betrachtet, um im Vergleich die Unterschiede auch für Störfälle mit sehr geringer Eintrittswahrscheinlichkeit aber gegebenenfalls großen Auswirkungen zu berücksichtigen. Störfälle dieser Art können während der Arbeitsschritte mit beladenen Transport- und Lagerbehältern und während des direkten Umgangs mit den Brennelementen, Brennstäben oder Kokillen in der Konditionierungsanlage bzw. Heißen Zelle auftreten.

Bei Störfällen mit beladenen Transport- und Lagerbehältern muss der Behälter mindestens eine nennenswerte Undichtheit aufweisen, um eine relevante radiologische Belastung für Personen aus der Bevölkerung verursachen zu können. Aufgrund der Robustheit und großen Wärmekapazität dieser Behälter wird hier davon ausgegangen, dass während ihrer Lagerung in den Zwischenlagern, im Eingangslager bei den Entsorgungspfaden zur Tiefenlagerung oder im Oberflächenlager kein Störfall durch innere Einwirkungen, insbesondere kein Brand, auftreten kann, der zum Versagen der Umschließung führt. Endlagerbehälter sollen nicht übertägig gelagert, sondern nach ihrer Beladung in der Konditionierungseinrichtung bzw. Heißen Zelle sofort nach unter Tage befördert werden. Für die Endlagerbehälter wird für Störfälle die gleiche Widerstandsfähigkeit wie für die Transport- und Lagerbehälter unterstellt.

Betriebliche Störungen in der Vorbetriebsphase werden genauso wie mögliche Fehler oder Störfälle in dieser Phase nicht berücksichtigt, da sie nicht zu radioaktiven Freisetzungen führen. Auch Störfälle während der Rückholung werden nicht betrachtet. Es ist aber darauf hinzuweisen, dass bei einer tatsächlichen späteren Rückholung von Abfällen aus dem Tiefenlager sehr wahrscheinlich höhere Risiken auftreten als bei ihrer Einlagerung. Gründe dafür sind die sich nach der Einlagerung ausbildenden und zum Zeitpunkt der Rückholung noch vorhandenen hohen Temperaturen im Einlagerungsbereich und die mit zunehmender Lagerzeit nachlassende Stabilität von Behälterkomponenten und Inventar.

Für den Vergleich der Modelle der Entsorgungsoptionen „Oberflächenlagerung", „Endlagerung" und „Tiefenlagerung" werden folgende exemplarische Störfälle betrachtet, die in Neumann und Kreusch (2018b) ausführlich beschrieben sind:

- Aufprall eines Behälters auf unnachgiebige Fläche und Brand nach Transportunfall,
- Aufprall eines Behälters bei Beförderung sowie Ab- und Aufladen auf übertägigem Anlagengelände,
- Handhabungsfehler mit Brennelementen, Brennstäben oder Brennstabbüchsen bei der Konditionierung für die End- oder Tiefenlagerung oder mit Brennelementen beim Umpacken in neue Transport- und Lagerbehälter bei der Oberflächenlagerung,
- Förderkorbabsturz im Schacht,
- Behälterabsturz von Plateauwagen oder Einlagerungsvorrichtung unter Tage,
- Brand unter Tage,
- Absturz Kokille in Bohrloch.

Es wird unterstellt, dass die Störfälle unabhängig von ihrer Wahrscheinlichkeit eintreten und es zu Freisetzungen radioaktiver Stoffe kommt. Die Einhaltung oder Überschreitung der Störfallplanungswerte wird hier nicht thematisiert.

Den Arbeitsschritten, bei denen ein Störfall mit Freisetzungen radioaktiver Stoffe möglich ist, werden mittels Experteneinschätzung die Freisetzungskategorien „eher geringe", „eher größere" oder „besonders große" Freisetzungen zugeordnet. Die Kategorien geben den im konservativen Fall möglichen Umfang der Freisetzungen (Quellterm) und damit die radiologischen Auswirkungen bei möglichen Störfällen rein qualitativ an. Sie erlauben keinen Bezug zu quantitativen Quelltermwerten hinsichtlich des Störfallplanungswertes nach § 49 der Strahlenschutzverordnung. Die „Abstände" zwischen den Kategorien sind bei ordinaler Skalierung nicht bekannt. Deshalb sind Rechenoperationen nicht erlaubt.

Das Risiko für Störfälle wird üblicherweise definiert als

$$\text{Risiko} = \text{Eintrittswahrscheinlichkeit} \times \text{Schadensausmaß}$$

Für einen Vergleich der Risiken für die Entsorgungspfade muss im Folgenden also, neben der hier als Schadensausmaß definierten qualitativen Quelltermgröße, auch die Eintrittswahrscheinlichkeiten berücksichtigt werden. Auch dies kann nur durch Experteneinschätzung rein qualitativ im Sinne „kleiner" oder „größer" geschehen, weil keine Daten für Eintrittswahrscheinlichkeiten zur Verfügung stehen. Das hier ermittelte Risiko besteht also aus einem Produkt zweier qualitativer Faktoren. Eine Rangfolge nach dem Vergleich der Größe der Risiken für Störfälle ist ebenfalls nur durch Experteneinschätzung möglich und dementsprechend mit Ungewissheiten verbunden. Andererseits ist dies eine übliche Vorgehensweise, wenn keine oder nicht ausreichende Daten zur Verfügung stehen. Es sind dann immerhin grundsätzliche Aussagen möglich, für die aber auf die Ungewissheiten hingewiesen werden muss.

Die Eintrittswahrscheinlichkeit eines Störfalls hängt ab von

- der grundsätzlichen Wahrscheinlichkeit eines Störfalls bei einem Arbeitsschritt durch Versagen einer Komponente und/oder einer Barriere und/oder durch eine menschliche Fehlhandlung (wird hier mit 1 angenommen),
- der Häufigkeit der Durchführung des Arbeitsschrittes,
- der Zeit, die für den Arbeitsschritt benötigt wird, bzw. die für den Arbeitsschritt vorgesehen ist.

Der Risikovergleich wird in folgenden Schritten vorgenommen:

- Für die drei Entsorgungspfade wird auf Grundlage der ausgewerteten Zuordnung von Freisetzungskategorien für betriebsbedingte Störfälle und ihre Eintrittswahrscheinlichkeit zu den jeweiligen übertägigen Arbeitsschritten ein Vergleich vorgenommen.
- Für die Entsorgungspfade zur End- und zur Tiefenlagerung wird auf Grundlage der ausgewerteten Zuordnung von Freisetzungskategorien für betriebsbedingte Störfälle

und ihre Eintrittswahrscheinlichkeit zu den jeweiligen über- und untertägigen Arbeitsschritten ein Vergleich vorgenommen.
- Für jeden der beiden Vergleiche wird die risikobezogene Rangfolge der Entsorgungspfade angegeben.

Für den Gesamtvergleich werden die Rangfolgen der Entsorgungspfade für die betriebsbedingten Störfallrisiken mit den Rangfolgen der Entsorgungspfade für das Risiko durch Strahlenbelastungen im Normalbetrieb aggregiert.

Die Vergleichsergebnisse werden in die im Arbeitspaket „Interdisziplinäre Risikoforschung" von ENTRIA entwickelte Risikokarte übertragen (Abschn. 6.6).

Vergleichsergebnisse

Die Ergebnisse des Vergleichs der Entsorgungspfade zum Risiko durch Strahlenbelastungen werden im Folgenden zusammengefasst. Der Vergleich ist ausführlich in Neumann und Kreusch (2018b) beschrieben.

Übertägiger Vergleich aller Entsorgungspfade. Der Risikovergleich der Entsorgungspfade für alle übertägigen Tätigkeiten erfolgt von Beginn der Entscheidung für die Entsorgungsoption bis zur Beförderung der hoch radioaktiven Abfälle zum Schacht des untertägigen Bergwerkes für die End- oder Tiefenlagerung bzw. bis zum Transport der hoch radioaktiven Abfälle nach Abschluss der Oberflächenlagerung in eine andere Entsorgungseinrichtung.

Beim Vergleich der übertägigen Risiken der Entsorgungspfade sind die Risiken durch Strahlenbelastungen im Normalbetrieb für die End- und Tiefenlagerung mit Streckenlagerung von Endlagerbehältern sowohl für das Personal als auch für Personen aus der Bevölkerung größer als die Risiken für die Oberflächenlagerung. Dies ist hauptsächlich dadurch begründet, dass die hoch radioaktiven Abfälle bei der Oberflächenlagerung in Transport- und Lagerbehältern verbleiben, während sie für die End- und Tiefenlagerung in Endlagerbehälter mit einer geringeren Beladekapazität umgeladen werden müssen. Außerdem werden die Brennelemente für diese Optionen in einer Heißen Zelle zerlegt.

Beim Vergleich der Risiken der Entsorgungspfade für die übertägigen Arbeitsschritte sind die Risiken durch betriebsbedingte Störfälle bei der Oberflächenlagerung am geringsten. Der Grund dafür ist, dass bei der Oberflächenlagerung weniger Arbeitsschritte durchgeführt werden müssen, für die betriebsbedingte Störfälle mit Freisetzungen auftreten können, und im Gegensatz zu den Entsorgungspfaden zur End- und Tiefenlagerung übertägig kein betriebsbedingter Störfall mit „besonders großen" Freisetzungen eintreten kann. Für die Endlagerung und die Tiefenlagerung ist das Störfallrisiko bezüglich der berücksichtigten Störfälle gleich. Der Umgang mit den radioaktiven Abfällen sowie den mit ihnen beladenen Behältern ist für beide identisch.

Die Aggregation der beiden vorstehenden Vergleiche ergibt für den Gesamtvergleich der übertägigen Betriebsphasen, dass bei der Oberflächenlagerung das Gesamtrisiko durch Strahlenbelastungen im Normalbetrieb und durch Störfälle am geringsten ist. Zwischen der Endlagerung und der Tiefenlagerung gibt es für den übertägigen Bereich keinen Risikounterschied, da die gleichen Arbeitsschritte mit Einsatz der gleichen Behältertypen durchgeführt werden.

Über- und untertägiger Vergleich von End- und Tiefenlagerung. Der Risikovergleich der Entsorgungspfade mit untertägigen Tätigkeiten erfolgt von Beginn der Entscheidung für die Entsorgungsoption bis zum Verschluss des Bergwerkes. Der Vergleich wird für die Strahlenbelastungen durch künstliche Radionuklide in den Abfällen und durch natürliche Radionuklide in den Wirtsgesteinen zusammengefasst. Die Einbeziehung des Entsorgungspfades zur Oberflächenlagerung erübrigt sich hier. Es ist trivial, dass er in dieser Gesamtbetrachtung am besten abschneiden würde, weil keine untertägigen Arbeitsschritte erfolgen und der Umgang mit den hoch radioaktiven Abfällen nach Abschluss der 200 Jahre Oberflächenlagerung offen ist.

Beim Vergleich der Risiken durch Strahlenbelastungen im Normalbetrieb für End- und Tiefenlagerung durch die in den Abfällen enthaltenen künstlichen Radionuklide und die natürlich im Wirtsgestein enthaltenen Radionuklide ergibt sich das geringere Risiko für die Endlagerung. Das größere Risiko für die Tiefenlagerung liegt vor allem an den mit dem Monitoring zusammenhängenden längeren Offenhaltungszeiten des Bergwerkes sowie den daraus folgenden Arbeitsschritten bzw. deren Dauer und den jeweils dabei durch die natürlichen Radionuklide verursachten Strahlenbelastungen.

Beim Vergleich der Risiken durch betriebsbedingte Störfälle bei End- und Tiefenlagerung für die über- und untertägigen Arbeitsschritte ist das Störfallrisiko bezüglich der berücksichtigten Störfälle gleich. Der Umgang mit den hoch radioaktiven Abfällen sowie den mit ihnen beladenen Behältern ist für beide identisch.

Die Aggregation der beiden vorstehenden Vergleiche ergibt für den Gesamtvergleich der über- und untertägigen Betriebsphasen, dass das Gesamtrisiko bei der Endlagerung geringer ist als bei der Tiefenlagerung. Grund hierfür ist das untertägige Auffahren von mehr Hohlraum für das Tiefenlager und das längere Offenhalten des Bergwerks für das Monitoring. Beides ist mit höheren Strahlenbelastungen für Personal und Personen aus der Bevölkerung durch natürliche Radionuklide im Wirtsgestein verbunden. Ein weiterer Nachteil könnte für die Tiefenlagerung entstehen, wenn für die Monitoringbohrungen Störfallmöglichkeiten mit Freisetzungen unterstellt werden, zum Beispiel Anbohren des Behälters oder neue Wegsamkeiten zur Radionuklidausbreitung.

6.5.2 Radiologische Risiken aufgrund schwerwiegender Einwirkungen von außen

Die Einbeziehung der Risiken durch schwerwiegende Einwirkungen von außen ist vor allem deshalb wichtig, weil solche Einwirkungen verheerende Auswirkungen haben können, die so weit wie möglich vermieden werden sollten.

Szenarien für schwerwiegende Einwirkungen von außen Es gibt ein breites Spektrum für Einwirkungen von außen auf die Sicherheitsbarrieren, die im Falle der Schädigung zur Freisetzung radioaktiver Stoffe und damit zu Risiken für Mensch und Umwelt führen können. Nach den atomrechtlichen Vorschriften müssen kerntechnische Einrichtungen gegen einen Teil dieser Einwirkungen ausgelegt werden, dazu gehören zum Beispiel Erdbeben und Hochwasser. Bei der vergleichenden Risikobewertung werden allerdings nicht naturbedingte Katastrophen, sondern zivilisatorisch bedingte Einwirkungen von außen berücksichtigt, gegen die die Anlagen aus verschiedenen Gründen in Bezug auf die Einhaltung der Störfallplanungswerte nach § 49 der Strahlenschutzverordnung (StrlSchV 2017) nicht ausgelegt sein müssen. Die Szenarien für die Einwirkungen von außen sind:

- Mechanische und thermische Belastungen durch gezielten oder zufälligen Absturz eines Flugzeuges vom Typ Airbus A 380 oder eines vergleichbaren Flugzeuges. Der Airbus A 380 ist das größte zum Zeitpunkt des Vergleichs im Flugbetrieb befindliche Verkehrsflugzeug. In Zukunft können durchaus noch größere Flugzeuge mit größerem Tankvolumen für Treibstoff entwickelt und in Dienst gestellt werden. Diese Einwirkung ist in Genehmigungsverfahren für Atomanlagen unter Vorsorgeaspekten zu berücksichtigen (BVerwG 2008; OVG S-H 2013). Zu treffende Maßnahmen sollen über den Störfallplanungswert in § 49 Strahlenschutzverordnung hinausgehende radiologische Auswirkungen möglichst gering halten.
- Mechanische und thermische Belastungen durch sonstige Einwirkungen Dritter (SEWD) mittels Beschusses mit Hohlladungsgeschossen oder anderen panzerbrechenden Waffen. Diese Einwirkungen sind in atomrechtlichen Genehmigungs- und Aufsichtsverfahren auf Grundlage der SEWD-Richtlinie zu betrachten und unter Vorsorgeaspekten zu bewerten (BVerwG 2008; OVG S-H 2013). Mit zu treffenden Maßnahmen soll erreicht werden, dass die Möglichkeiten für ein solches Ereignis und im Falle des Eintritts die Freisetzungen radioaktiver Stoffe möglichst gering sind.
- Mechanische und thermische Belastungen durch kriegerische Einwirkungen. Hierzu gibt es keine Vorgaben, nach denen bestimmte Anforderungen zu erfüllen sind. Aufgrund der weltweiten Entwicklung mit nunmehr wieder zunehmender Aufrüstung und Konfrontation zwischen unterschiedlichsten Staaten sind kriegerische Einwirkungen mittels Raketen oder Bombenabwurf in den betrachteten langen Zeiträumen nicht auszuschließen.

Bei allen drei Szenarien darf es nach den atomrechtlichen Vorschriften zu radiologischen Auswirkungen in der Umgebung kommen. Für den Flugzeugabsturz und SEWD gibt es Eingreifrichtwerte, die zur Orientierung für die Anordnung von Maßnahmen zum Schutz der Bevölkerung (unter anderem Evakuierung, Umsiedlung) dienen sollen. Deshalb ist deren Betrachtung für einen Risikovergleich besonders interessant. Es können hier keine quantitativen Freisetzungsquellterme ermittelt werden, sondern wegen des generischen Charakters der Modelle für die Entsorgungsoptionen nur ein qualitativer Vergleich durchgeführt werden.

Zu den vorstehend beschriebenen übertägigen Einwirkungen kann es an allen Standorten kommen, an denen die hoch radioaktiven Abfälle gelagert werden.

Methodik

Für die vergleichende Risikobewertung wird zunächst die zentrale Sicherheitsfunktion zur Vermeidung oder Begrenzung der durch die Einwirkungen von außen verursachten radiologischen Auswirkungen ermittelt. Diese Sicherheitsfunktion ist die „Rückhaltefähigkeit für Radionuklide".

In Anlehnung an die „Abwägungsmethodik für den Vergleich von Tiefenlagersystemen in unterschiedlichen Wirtsgesteinsformationen" (GRS 2010) werden die Relevanz der Sicherheitsfunktion für die Barrieren und die Robustheit gegen Änderungen im Falle von Einwirkungen von außen ermittelt. Im nächsten Schritt werden Robustheitsdefizite für diese Sicherheitsfunktion bei den genannten Einwirkungen ermittelt. Dieses Vorgehen wird in Neumann und Kreusch (2018a) und die Methodik an sich in (Kreusch und Neumann 2018) detailliert erklärt (siehe hierzu auch Abschn. 6.4).

Das Vorhandensein von Robustheitsdefiziten bedeutet, dass für die berücksichtigten Szenarien für schwerwiegende Einwirkungen von außen Risiken in Bezug auf die Freisetzung radioaktiver Stoffe und damit Auswirkungen auf Mensch und Umwelt bestehen. Die Risiken können für die Entsorgungsoptionen unterschiedlich sein. Die vergleichende Risikobewertung für die drei Entsorgungspfade wird für zwei Phasen durchgeführt:

1. Die Phase, während der sich die hoch radioaktiven Abfälle zunächst in den Zwischenlagern, dann gegebenenfalls in regionalen Zwischenlagern und schließlich in den übertägigen Lagern an den jeweiligen Standorten zur Umsetzung der Entsorgungsoptionen befinden.
2. Die Phase nach Abschluss der Einlagerung aller hoch radioaktiven Abfälle in End-, Tiefen- oder Oberflächenlager, also dem angestrebten Endzustand für die jeweilige Entsorgungsoption.

Die Betrachtung für diese zwei unterschiedlichen Phasen erfolgt, um alle Lagersituationen, in denen sich die hoch radioaktiven Abfälle nach der Entscheidung für eine Entsorgungsoption befinden, in die vergleichende Bewertung einzubeziehen.

Die Betrachtungen zu Phase 1 beginnen mit dem Zeitpunkt der Entscheidung für die zu verfolgende Entsorgungsoption. Bei der Entsorgungsoption Oberflächenlagerung lagern die hoch radioaktiven Abfälle über einen etwas längeren Zeitraum in den nicht redundant ausgelegten alten Zwischenlagern als bei End- oder Tiefenlagerung (siehe Eckhardt (2018) und Abschn. 6.1). Bei den Entsorgungsoptionen End- und Tiefenlagerung ist wegen der Verlagerung in regionale Zwischenlager eine doppelte Zahl von Transporten notwendig, während denen keine zweite Barriere zur Verfügung steht. Für diese beiden Umstände werden die Risiken als gleich angesehen. Deshalb müssen sie bei der vergleichenden Risikoanalyse nicht berücksichtigt werden.

Wie in Abschn. 6.5.1 wird das Risiko für Störfälle, hier zivilisationsbedingte schwerwiegende Einwirkungen von außen, angegeben mit

$$\text{Risiko} = \text{Eintrittswahrscheinlichkeit} \times \text{Schadensausmaß}$$

Die Eintrittswahrscheinlichkeit bezieht sich hier auf die übertägigen Lagerzeiträume. Je länger der jeweilige Lagerungszustand dauert, desto größer ist die Eintrittswahrscheinlichkeit. Dabei ist zusätzlich zu berücksichtigen, dass es mit zunehmender Lagerdauer zu Schwächungen der Barrieren „Behälter" und „Gebäude" durch ionisierende Strahlung, Wärme, Korrosion und Alterung kommen kann. Die Wahrscheinlichkeit für den Eintritt von gezieltem Flugzeugabsturz, SEWD und kriegerischen Handlungen ist nicht ermittelbar, weil es sich um zielgerichtete Handlungen von Menschen handelt.

Das mögliche Schadensausmaß wird, wenn Barrieren versagen, durch das vorhandene Radioaktivitätsinventar bestimmt, das betroffen sein kann. Das jeweilige maximale Radioaktivitätsinventar von regionalen Zwischenlagern und dem Eingangslager bei End- und Tiefenlagerung sowie des Oberflächenlagers wird auf Grundlage der gegenwärtig genehmigten Zwischenlagerung abgeschätzt.

Der Vergleich erfolgt rein qualitativ auf Grundlage von Experteneinschätzungen. Dabei werden jeweils zwei Entsorgungspfade gegenübergestellt und in fünf Kategorien mit dem Spektrum von „etwas geringeres Risiko" bis „erheblich größeres Risiko" bewertet. Aus den Ergebnissen wird eine Risikorangfolge für die drei Entsorgungspfade bzw. Entsorgungsoptionen abgeleitet.

In der Phase 2, nach Abschluss der Einlagerung aller hoch radioaktiven Abfälle befinden sich diese bei der Oberflächenlagerung während des gesamten Betrachtungszeitraums an der Oberfläche. Bei der End- und bei der Tiefenlagerung befinden sich alle Abfälle unter Tage und die Einlagerungsstrecken sind verfüllt und verschlossen. Während bei der Endlagerung auch das ganze Bergwerk unmittelbar verfüllt und verschlossen wird, bleibt dies bei der Tiefenlagerung zwecks Monitorings noch über einen längeren Zeitraum (hier ca. 100 Jahre) offen.

Die Risiken durch übertägig verursachte Einwirkungen von außen werden für die Entsorgungspfade zur End- und Tiefenlagerung auf Grundlage plausibler Überlegungen betrachtet. Dabei wird für die Endlagerung das Verhalten der Barrieren geologische Formation, Bergwerksverschluss sowie Behälter und für die Tiefenlagerung das Verhalten der Barrieren geologische Formation, Einlagerungsstreckenverschluss und Behälter berücksichtigt. Die Barrieren bei der Oberflächenlagerung sind das Gebäude und der Behälter. Aus den Schlussfolgerungen zum Verhalten der einzelnen Barrieren werden Aussagen zum Gesamtsystem der Barrieren für die jeweiligen Entsorgungspfade gewonnen. Auf Grundlage dieser Aussagen wird ein Vergleich hinsichtlich der Sicherheitsfunktion „Rückhaltefähigkeit für Radionuklide" durchgeführt. Das heißt, es wird das Risiko für die Freisetzung von Radionukliden in die Umgebung bewertet. Das Bewertungsspektrum hat vier Kategorien und reicht von „Rückhaltefähigkeit bleibt erhalten" bis „mindestens teilweiser Verlust der Rückhaltefähigkeit wahrscheinlich". Das Ergebnis des Vergleichs ergibt eine Risikorangfolge für die drei Entsorgungspfade bzw. Entsorgungsoptionen.

Die Vergleichsergebnisse für die Phasen 1 und 2 werden in die im Arbeitspaket „Interdisziplinäre Risikoforschung" von ENTRIA entwickelte Risikokarte übertragen (Abschn. 6.6).

Vergleichsergebnisse

Die Ergebnisse des Vergleichs der Entsorgungspfade bzw. Entsorgungsoptionen zum Risiko durch schwerwiegende Einwirkungen von außen und seine Ergebnisse werden hier zusammengefasst. Sie sind ausführlich in Neumann und Kreusch (2018a) beschrieben.

Der Vergleich der Entsorgungspfade im zeitlichen Verlauf der ersten 90 Jahre nach der Entscheidung über die Entsorgungsoption zeigt für End- und Tiefenlagerung das gleiche Risiko für Radionuklidfreisetzungen nach schweren Einwirkungen von außen. Im Vergleich dieser beiden Entsorgungspfade mit der Oberflächenlagerung ist das Risiko zunächst für die Oberflächenlagerung größer, im letzten Zeitdrittel aber geringer. Bei dem Vergleich der Entsorgungsoptionen nach Abschluss der Einlagerung der radioaktiven Abfälle ist das Risiko für Freisetzungen von Radionukliden nach schwerwiegenden Einwirkungen von außen bei der Endlagerung ab dem Zeitpunkt des Bergwerkverschlusses praktisch nicht gegeben. Die Mächtigkeit der geologischen Barrieren und der Verschlussbauwerke lässt keine Beeinträchtigung der Isolationseigenschaften des ewG erwarten. Für die Entsorgungsoption Tiefenlagerung ist für die Dauer der Offenhaltung des Bergwerkes ein Risiko gegeben. In Abhängigkeit vom betrachteten Szenario ist ein teilweiser Verlust der Isolationseigenschaften von ewG und geotechnischen Barrieren bei sonstigen Einwirkungen Dritter und kriegerischen Einwirkungen nicht ausgeschlossen bzw. bei Flugzeugabsturz nicht völlig ausgeschlossen. Für die Entsorgungsoption Oberflächenlagerung ist nach Abschluss der Einlagerung der Abfälle das Risiko erheblich größer als für die End- und Tiefenlagerung nach dortigem Abschluss der Einlagerung, da für alle drei Einwirkungsszenarien von einer mindestens teilweisen Aufhebung der Rückhaltefähigkeit von Gebäude und Behälter und damit von Radionuklidfreisetzungen auszugehen ist.

6.6 Risikokarte

Die Risiken einer Entsorgungsoption verändern sich im Lauf der Zeit, entlang des Entsorgungspfades. Verschiedene Optionen weisen dabei unterschiedliche Muster auf. Bei der vergleichenden Risikobewertung ergänzen sich mehrere Bewertungsansätze (siehe Abschn. 6.3 bis 6.5) zu einem Gesamtbild. Dieses Gesamtbild gibt die „Risikokarte" wieder (Eckhardt 2018).

Auf der Risikokarte werden die Entsorgungspfade, die sich mit den Optionen „Endlagerung", „Tiefenlagerung" und „Oberflächenlagerung" verbinden, entlang eines Zeitstrahls dargestellt, vgl. Abb. 6.2. Bis zum Jahr 200 nach Beschreiten eines Entsorgungspfads wird der zeitliche Verlauf maßstäblich abgebildet und anschließend stark verkürzt wiedergegeben. Der Zeitstrahl ist in charakteristische Phasen auf dem Entsorgungspfad untergliedert (siehe Abschn. 6.1.3).

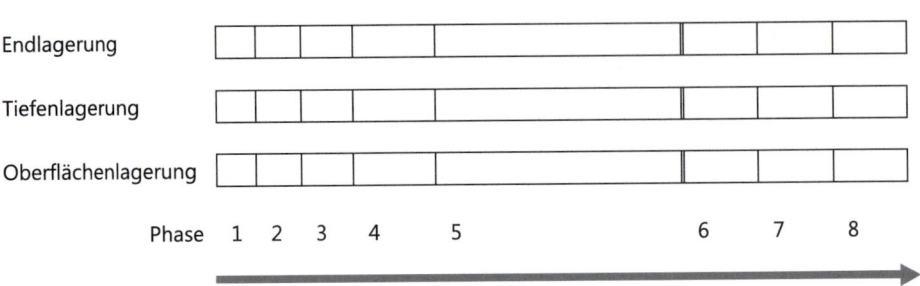

Abb. 6.2 Risikokarte – Darstellung der Entsorgungspfade entlang eines Zeitstrahls. (Schematische Darstellung)

Bei der vergleichenden Risikobewertung kommen die in den Abschn. 6.3 bis 6.5 dargestellten Bewertungsansätze zum Tragen. Die charakteristischen Entsorgungspfade werden also für jede Option differenziert bewertet nach kalkulierbaren Risiken und Ungewissheiten aus ganzheitlicher Perspektive sowie spezifisch nach kalkulierbaren radiologischen Risiken, kalkulierbaren Risiken aufgrund schwerwiegender Einwirkungen von außen und Robustheitsdefiziten in Bezug auf die Radionuklidrückhaltung.

Die vergleichende Risikobewertung der Entsorgungspfade erfolgt bei allen Bewertungsansätzen (siehe Abschn. 6.3 bis 6.5) mit einem Outranking-Verfahren. Das Bewertungsergebnis umfasst drei Stufen, die mit einem Farbcode abgebildet werden, siehe Abb. 6.3.

Zudem gibt es Fälle, in denen für eine bestimmte Zeitphase keine Aussage zur Option möglich ist. Dies trifft bei der Oberflächenlagerung für die Phasen zu, in denen der weitere Entsorgungspfad heute noch unbekannt ist. Zudem trifft es dort zu, wo ein

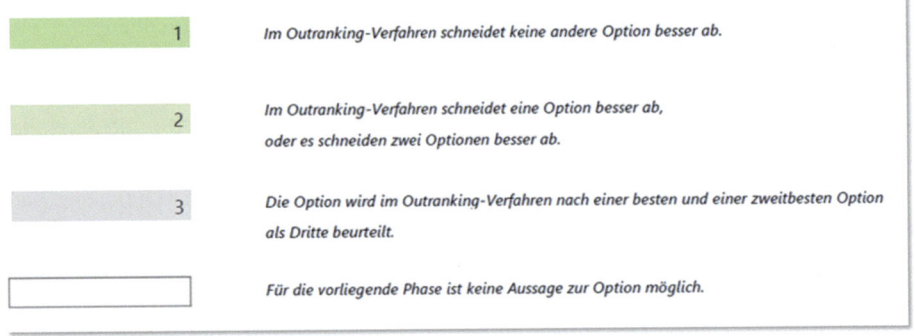

Abb. 6.3 Risikokarte – Auszug mit Darstellung des für die vergleichende Bewertung verwendeten Farbcodes

bestimmter Bewertungsansatz nicht greift. Ein Beispiel dafür ist die Beurteilung nach Sicherheitsfunktionen und Robustheitsdefiziten, die ein auf die Langzeitsicherheit zugeschnittener Ansatz ist und daher keine Aussagen zu den ersten Phasen für End- und Tiefenlager auf dem Entsorgungspfad erlaubt.

Im öffentlichen und wissenschaftlichen Diskurs stehen bisher, insbesondere bei der End- und der Tiefenlagerung, Überlegungen zur Langzeitsicherheit im Vordergrund. Risiken, die die kommenden Jahre und Jahrzehnte betreffen, werden im Vergleich dazu eher vernachlässigt. Die Risikokarte soll daher die Entwicklung der Risiken über den gesamten Zeitraum wiedergeben, über den ein Entsorgungspfad beschritten wird, siehe Abb. 6.4. Damit wird das Ziel verfolgt, Entscheidungsträgern und allen weiteren Interessierten ein differenziertes Bild von der Entwicklung der Risiken über die Zeit zu vermitteln. Die Risikokarte soll die Betrachtenden in die Lage versetzen, die Entwicklungen der Risiken über die Zeit für verschiedene Entsorgungsoptionen gegeneinander abzuwägen.

Die vergleichende Risikobewertung entlang der Risikokarte ist von gesellschaftlichen Entscheidungen abhängig, die den Entsorgungspfad prägen. Diese Entscheidungen betreffen beispielsweise

- die Errichtung von regionalen Zwischenlagern,
- die Anforderungen an die Auslegung von regionalen Zwischenlagern, Eingangslager oder Oberflächenlager
- die Anforderungen an die Aussagekraft des Monitorings beim Tiefenlager,
- den Zeitrahmen für das Monitoring beim Tiefenlager,
- die Kriterien für eine Rückholung der Abfälle.

Methodisch sind bei der Weiterentwicklung der Risikokarte vor allem noch Präzisierungen bei der Erfassung und Bewertung von Ungewissheiten erforderlich. Die Belastbarkeit mancher Annahmen könnte durch Erhebung oder Bereitstellung zusätzlicher Informationen erhöht werden, beispielsweise durch Recherchen zum natürlichen Radionuklidgehalt von Gesteinen.

Zwischen einzelnen der Bewertungsansätze sind Überschneidungen vorhanden. Dies betrifft vor allem die vergleichende Bewertung nach kalkulierbaren Risiken und Ungewissheiten und die Bewertung nach radiologischen Risiken und schweren Einwirkungen von außen. Bei der Nutzung der Risikokarte als Entscheidungsgrundlage müssen diese Überschneidungen im Auge behalten werden.

Mit der Konkretisierung von Entsorgungsoptionen und entlang des Entsorgungspfads sollte auch die Risikokarte aktualisiert werden. Die Karte eignet sich nicht nur zur vergleichenden Risikobewertung, sondern auch zur Optimierung von Entsorgungsoptionen und -pfaden.

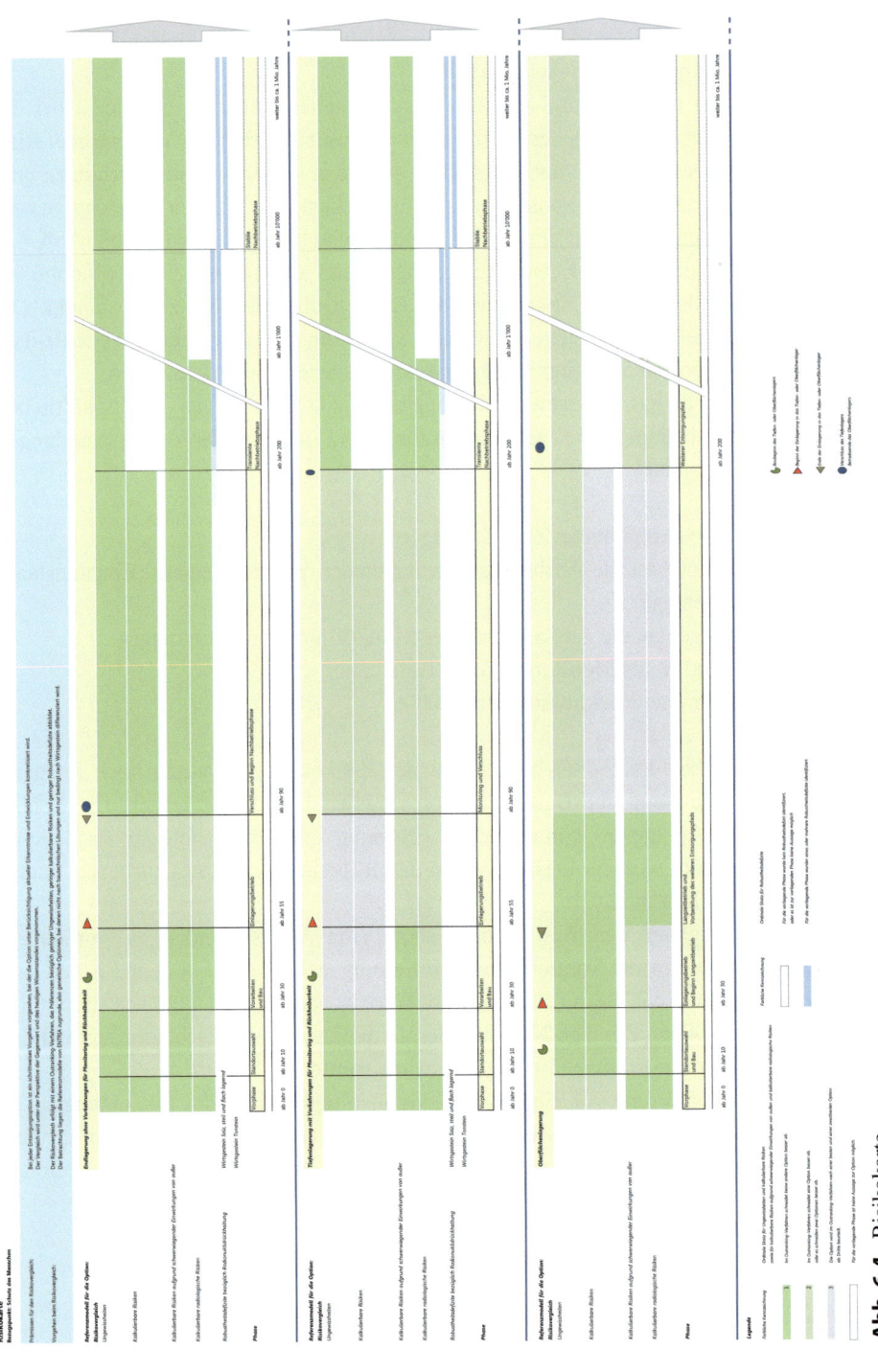

Abb. 6.4 Risikokarte

Literatur

BfS (1990): Plan Endlager für radioaktive Abfälle – Schachtanlage Konrad Salzgitter, Stand: September 1986 in der Fassung vom April 1990. Salzgitter.

BMU – Bundesministerium für Umwelt, Naturschutz und Reaktorsicherheit (2010): Sicherheitsanforderungen an die Endlagerung wärmeentwickelnder radioaktiver Abfälle, Stand 30.9.2010. Bonn.

BMUB (2015b): Sicherheitsanforderungen an Kernkraftwerke vom 22. November 2012, Neufassung d. Bundesministerium für Umwelt, Naturschutz, Bau und Reaktorsicherheit vom 3.3.2015 (BAnz AT 30.03.2015 B2), Bonn.

BVerwG – Bundesverwaltungsgericht (2008): Urteil verkündet am 10.4.2008, Az.: BVerwG 7 C 39.07. Leipzig.

DBET – Deutsche Gesellschaft zum Bau und Betrieb von Endlagern für Abfallstoffe (DBE) Technology GmbH (2008): Überprüfung und Bewertung des Instrumentariums für eine sicherheitliche Bewertung von Endlagern für HAW – ISI-BEL, AP 1.2 Konzeptionelle Endlagerplanung und Zusammenstellung des endzulagernden Inventars; TEC-20-2008-AP, FKZ 02 E 10065, April 2008, Peine.

DBET (2009): Für den Schutz der Umwelt und zukünftiger Generationen – Eine neue Technologie für die sichere Endlagerung ausgedienter Brennelemente; DVD 2009.

Eckhardt, A. (2018): Vergleichende Risikobewertung von Entsorgungsoptionen für hoch radioaktive Abfälle, ENTRIA-Arbeitsbericht 12, Hannover. ISSN Print: 2367-3532. ISSN Online: 2367-3540.

Eckhardt, A. & Rippe, K.P. (2016): Risiko und Ungewissheit bei der Entsorgung hochradioaktiver Abfälle. vdf-Verlag, Zürich.

ESK – Entsorgungskommission (2013):Leitlinien für die trockene Zwischenlagerung bestrahlter Brennelemente und Wärme entwickelnder radioaktiver Abfälle in Behältern – Empfehlung der Entsorgungskommission, revidierte Fassung vom 10.6.2013.

EU – Europäische Union (2013): Richtlinie des Rates zur Festlegung grundlegender Sicherheitsnormen für den Schutz vor den Gefahren einer Exposition gegenüber ionisierender Strahlung und zur Aufhebung der Richtlinien 89/618/Euratom, 90/641/Euratom, 96/29/Euratom, 97/43/Euratom und 2003/122/Euratom vom 5. Dezember 2013 in Amtsblatt der Europäischen Union, L 13/1, 17.1.2014.

GEOSAF – International Project on Demonstrating the Safety of Geological Disposal (2018): GEOSAF Project. International Project on Demonstrating the Safety of Geological Disposal. http://www-ns.iaea.org/projects/geosaf/. (Abgerufen am 5.12.2018).

GRS – Gesellschaft für Anlagen- und Reaktorsicherheit GmbH (2010): Abwägungsmethodik für den Vergleich von Endlagersystemen in unterschiedlichen Wirtsgesteinsformationen, Bericht GRS – A – 3536, Autoren: Fischer-Appelt, K., Baltes, B. Dezember 2010, Köln.

GRS – Gesellschaft für Anlagen- und Reaktorsicherheit gGmbH (2011): Endlagerkonzepte. Bericht zum Arbeitspaket 5, Vorläufige Sicherheitsanalyse für den Standort Gorleben, GRS-272, erstellt von DBE Technology GmbH. Dezember 2011, Köln.

GRS (2012): Einschätzung betrieblicher Machbarkeit von Endlagerkonzepten – Bericht zum Arbeitspaket 12, Vorläufige Sicherheitsanalyse für den Standort Gorleben, GRS-279. März 2012, Köln.

GRS (2013): Synthesebericht für die vorläufige Sicherheitsanalyse für den Standort Gorleben. Bericht zum Arbeitspaket 13, Autoren: Fischer-Appelt, K., Baltes, B., Buhmann, D., Larue, J., Mönig, J. Bericht GRS-290. März 2013, Köln.

IAEA – International Atomic Energy Agency (2015): The Fukushima Daiichi accident. Non-serial publications. https://www-pub.iaea.org/books/iaeabooks/10962/the-fukushima-daiichi-accident. (Abgerufen am 05.12.2018).

ICRP – International Commission on Radiological Protection (1991): 1990 Recommendations, ICRP Publication 60, Abschnitt 189, Pergamon Press.

Köhler, A. (2017): Interventionstechniken für Zwischenlagerbehälter. S. 51–70. In: Köhnke, D., Reichardt, M., Semper, F. (Hrsg.): Zwischenlagerung hoch radioaktiver Abfälle – Randbedingungen und Lösungsansätze zu den aktuellen Herausforderungen. Reihe Energie in Naturwissenschaft, Technik, Wirtschaft und Gesellschaft. Springer Verlag, Wiesbaden.

Köhnke, D. (2017): Die unbestimmte Nutzungsdauer als besondere technische Herausforderung bei der Zwischenlagerung hoch radioaktiver Abfälle. S. 71– 88. In: Köhnke, D., Reichardt, M., Semper, F. (Hrsg.): Zwischenlagerung hoch radioaktiver Abfälle – Randbedingungen und Lösungsansätze zu den aktuellen Herausforderungen. Reihe Energie in Naturwissenschaft, Technik, Wirtschaft und Gesellschaft. Springer Verlag, Wiesbaden.

Kreusch, J., Neumann, W. (2018): Identifizierung von Robustheitsdefiziten für die vergleichende Bewertung von Referenzmodellen zur Tiefenlagerung. Methodik und Ergebnisdarstellung, ENTRIA-Arbeitsbericht 10, Hannover. ISSN Print: 2367-3532. ISSN Online: 2367-3540.

Leuraud K., Richardson D.B., Cardis E., Daniels R.D., Gillies M., O'Hagan J.A., Hamra G.B., Haylock R., Laurier D., Moissonnier M., Schubauer-Berigan M.K., Thierry-Chef I., Kesminiene A. (2015): Ionising radiation and risk of death from leukaemia and lymphoma in radiation-monitored workers (INWORKS): an international cohort study, Lancet Haematol. 2015 Jul;2(7):e276–81.

Marti, M. (2016): Risikoansichten. ENTRIA-Arbeitsbericht-05, Hannover. ISSN Print: 2367-3532. ISSN Online: 2367-3540.

Neumann, W. (1997): Konzeptüberlegungen für eine dezentrale Umgangsstrategie mit Brennelementen. Untersuchung im Rahmen des Beirats für Fragen zum Ausstieg aus der Atomenergie des Niedersächsischen Umweltministeriums, Hannover, Februar 1997.

Neumann, W. (2016): Längere Zwischenlagerung bestrahlter Brennelemente und wärmeentwickelnder Abfälle. Fachgespräch des Niedersächsischen Umweltministeriums, Hannover, 29.2.2016.

Neumann, W. (2017): Sicherheit und Strahlenschutz bei Genehmigungsverlängerung zur Zwischenlagerung hoch radioaktiver Abfälle. S. 115–139. In: Köhnke, D., Reichardt, M., Semper, F. (Hrsg.): Zwischenlagerung hoch radioaktiver Abfälle – Randbedingungen und Lösungsansätze zu den aktuellen Herausforderungen. Reihe Energie in Naturwissenschaft, Technik, Wirtschaft und Gesellschaft. Springer Verlag, Wiesbaden.

Neumann, W., Kreusch, J. (2018a): Vergleichende Risikobewertung zu Auswirkungen von schwerwiegenden menschlichen Einwirkungen von außen bei den ENTRIA-Referenzmodellen. ENTRIA-Arbeitsbericht 11, Hannover. ISSN Print: 2367-3532. ISSN Online: 2367-3540.

Neumann, W., Kreusch, J. (2018b): Qualitativer Vergleich der radiologischen Risiken während der Betriebsphase der Entsorgungsoptionen. ENTRIA-Arbeitsbericht 14, Hannover. ISSN Print: 2367-3532. ISSN Online: 2367-3540.

NMU – Niedersächsisches Umweltministerium (2002): Planfeststellungsbeschluss für das Endlager Konrad, Az.: 41-40326/3/10, Hannover, 22.5.2002.

OVG S-H – Schleswig-Holsteinisches Oberverwaltungsgericht (2013): Urteil verkündet am 19.6.2013, Az.: 4 KS 3/08.

UBA – Umweltbundesamt Österreich (2002): Grenzüberschreitende UVP gemäß Artikel 7 UVP-RL zum Standortzwischenlager Gundremmingen. Bericht an das Österreichische Bundesministerium für Land- und Forstwirtschaft, Umwelt und Wasserwirtschaft sowie an die Landesregierungen von Oberösterreich, Salzburg, Tirol und Vorarlberg. Januar 2002, Wien.

Reichardt, M. (2016): Widerstand gegen extreme, äußere Einwirkungen. ENTRIA-Fachtagung Technische Aspekte von Optionen zur Entsorgung hoch radioaktiver Reststoffe, Braunschweig, 1.-2.11.2016.

Reichardt, M., Semper, F., Köhnke, D. (2017): Zwischenlagerung hoch radioaktiver, Wärme entwickelnder Abfälle in Deutschland – ein Überblick. Reihe Energie in Naturwissenschaft, Technik, Wirtschaft und Gesellschaft. Springer Verlag, Wiesbaden.

SSK – Strahlenschutzkommission (2015): Umsetzung des Dosisgrenzwertes für Einzelpersonen der Bevölkerung für die Summe der Expositionen aus allen zu-gelassenen Tätigkeiten, Empfehlung verabschiedet auf der 274. Sitzung am 19./20.2.2015.

StandAG (2017): Gesetz zur Suche und Auswahl eines Standortes für ein Endlager für hochradioaktive Abfälle (Standortauswahlgesetz – StandAG) vom 5. Mai 2017 (BGBl. I 2017, Nr. 26, S. 1074), zuletzt geändert durch Artikel 2 des Gesetzes vom 20. Juli 2017 (BGBl. I 2017, Nr. 52, S. 2808).

StrlSchV (2017): Verordnung über den Schutz vor Schäden durch ionisierende Strahlung (Strahlenschutzverordnung – StrlSchV) vom 20. Juli 2001, in der Fassung vom 27. Januar 2017, (BGBl. I S. 114 ber. S. 1222) iVm Bek. V vom. 16.06.2017, (BGBl. I S. 1676).

Thomauske, B. (2016): Ablauf des Standortauswahlverfahrens – Zeitrahmen und Auswahl eines bestmöglichen Standortes. Präsentation auf dem Endlagersymposium 4./05.2.2016 in München.

Die beste Option 7

In den vorangegangenen Kapiteln wurden verschiedene Entsorgungsoptionen vorgestellt und ein Verfahren, mit dem sich Entsorgungspfade ganzheitlich vergleichen lassen. Dabei lag der Schwerpunkt auf der Sicherheit, da Sicherheit der Leitwert bei der Entsorgung hoch radioaktiver Abfälle ist. Unsere Untersuchung führt zu drei zentralen Erkenntnissen:

Sicherheit ist kein absoluter Wert, sondern folgt einem komplexen Muster von Risiken und Ungewissheiten, das sich im Lauf der Zeit wandelt.
Bei der Entscheidung für einen Entsorgungspfad spielt Sicherheit eine wesentliche Rolle. Wichtig sind aber auch andere Anforderungen wie Gerechtigkeit und Wirtschaftlichkeit. Sicherheit wird durch diese anderen Anforderungen beeinflusst und wirkt auf sie zurück.

Für Sicherheit existieren vielfältige Konzepte – sowohl in verschiedenen Fachdisziplinen als auch in der Zivilgesellschaft. Die „eine richtige" Sicherheit gibt es nicht. Aus Gründen der Gerechtigkeit gegenüber kommenden Generationen darf die Sicherheitsbewertung nicht nur auf heutige Rahmenbedingungen und Ansichten abstellen, sondern es müssen Lösungen gesucht werden, die Akzeptabilität auf Dauer versprechen.

Die vergleichende Beurteilung der Sicherheit von Entsorgungspfaden ist anspruchsvoll. Neben Risiken müssen auch Ungewissheiten berücksichtigt werden. Bau-, Betriebs- und Langzeitsicherheit erfordern methodisch unterschiedliche Instrumente. Mit der Risikokarte (siehe Abschn. 6.6) kann Entscheidern aufgezeigt werden, wo spezifische Vor- und Nachteile einer Entsorgungsoption oder eines Entsorgungspfades in Bezug auf die Sicherheit liegen.

Die Risikokarte zeigt, dass sich für jeden Entsorgungspfad ein differenziertes Muster ergibt, das über den zeitlichen Verlauf des Pfades variiert. Keine der aktuell verfügbaren Optionen kann über den gesamten betrachteten Zeitraum eindeutig für sich beanspruchen, die sicherste zu sein.

Welche die beste Entsorgungsoption ist, hängt von den gesellschaftlichen Rahmenbedingungen ab.
Welche die für ein Land beste Option oder welcher der beste Entsorgungspfad ist, ist kontextabhängig. Neben natürlichen Voraussetzungen, zum Beispiel der geologischen Situation, und den aktuellen politischen, wirtschaftlichen und technologischen Gegebenheiten spielen auch geschichtliche und kulturelle Faktoren eine Rolle.

Deutschland blickt bei der Entsorgung hoch radioaktiver Abfälle auf eine lange von Kontroversen geprägte Geschichte zurück. Frühere Festlegungen, zum Beispiel zur standortnahen Zwischenlagerung, müssen bei der Gestaltung des künftigen Entsorgungspfades berücksichtigt werden. Der neue Standortauswahlprozess soll zur Endlagerung führen, also der Option, die in Deutschland bereits seit längerem favorisiert wird – ergänzt um gewisse Anforderungen an Rückholbarkeit. Monitoring wird in den geltenden Sicherheitsanforderungen nicht erwähnt.

Die Entsorgungsoption Oberflächenlagerung, die für einen bestimmten Zeitraum eine Alternative zur international favorisierten End- und Tiefenlagerung darstellt, unterscheidet sich wesentlich von der heute praktizierten Zwischenlagerung. Die vergleichende Risikobewertung zeigt Stärken der Oberflächenlagerung auf, wenn die Abfälle möglichst schnell sicherer als heute gelagert werden sollen und es plausibel ist, dass nach maximal 200 Jahren eine Entsorgungsoption zur Verfügung steht, die besser ist als die heute bekannten Optionen.

In den ersten Jahrzehnten nach der Entscheidung für einen Entsorgungspfad ist die Oberflächenlagerung die sicherste Entsorgungsoption. Längerfristig weist die Oberflächenlagerung jedoch aufgrund großer Ungewissheiten Nachteile gegenüber der End- und der Tiefenlagerung auf. Die Option Oberflächenlagerung ist daher unter den aktuellen Rahmenbedingungen in Deutschland nicht sinnvoll. Änderungen der Rahmenbedingungen, wie ernsthafte Verzögerungen bei der Standortsuche für ein End- oder Tiefenlager, könnten aber dazu führen, dass ein Oberflächenlager zur (notwendigen) Zwischenlösung auf dem Entsorgungspfad wird.

Monitoring und Rückholbarkeit sind nicht unbedingt sicherheitsgerichtet
Rückholbarkeit und darauf bezogenes Monitoring dienen in erster Linie dazu, die Akzeptanz der Entsorgungsoption Endlagerung zu verbessern. Es ist zu vermuten, dass aus Sicht der Zivilgesellschaft mit Monitoring vor allem Vorsorge gegen eine frühzeitige Freisetzung von Radionukliden aufgrund von Mängeln in den technischen Barrieren sowie gegen unbekannte Unbekannte (siehe Abschn. 5.3.1) getroffen werden soll.

In Bezug auf kalkulierbare Risiken werden sich Monitoring und Rückholbarkeit voraussichtlich als nicht notwendig oder sogar kontraproduktiv erweisen, wenn sie auch nach Abschluss der Einlagerung der Abfälle gewährleistet werden sollen. Vorgänge im Tiefenlager, die für die langzeitliche Entwicklung sicherheitsrelevant sind, werden sich während des Monitoringzeitraums, der einige Jahrzehnte bis wenige Jahrhunderte umfasst, kaum beobachten lassen, da sie überwiegend sehr langsam ablaufen. Daraus folgt, dass vom Monitoring nur begrenzte Aussagen zur Langzeitsicherheit zu erwarten

7 Die beste Option

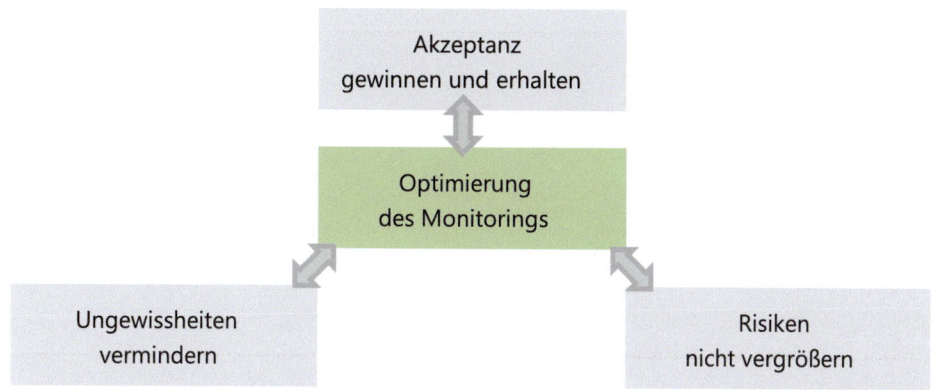

Abb. 7.1 Optimierung des Monitorings im Spannungsfeld

sind. Ein gut ausgewählter Lagerstandort und gut konzipierte und umgesetzte technische Barrieren werden zudem mit hoher Wahrscheinlichkeit keinerlei Merkmale aufweisen, die Bedenken hinsichtlich gravierender sicherheitsrelevanter Vorgänge aufwerfen.

Wenn das Ziel des Monitorings darin besteht, Ungewissheiten zu reduzieren, sollte das Lager möglichst umfassend überwacht werden. Durch Monitoring werden jedoch neue Risiken geschaffen, die vor allem auf die Störung des Wirtsgesteins durch Monitoringtechnik zurückgehen sowie auf die Notwendigkeit zur verlängerten Offenhaltung des Lagers. Hier tut sich ein Spannungsfeld zwischen der Verminderung von Ungewissheiten und der Vergrößerung der Risiken auf.

Beim Monitoring muss daher eine Optimierung zwischen drei Ansprüchen angestrebt werden, wie in Abb. 7.1 veranschaulicht ist.

Im Übrigen sind eine Vielzahl von Problemen in Zusammenhang von Monitoring und Rückholbarkeit noch ungelöst. Dazu gehört zum Beispiel die Entwicklung von Entscheidungskriterien und Prozessen für die Rückholung. Wenn Rückholbarkeit vor allem aus Gründen der Akzeptanz vorgesehen wird, ist es folgerichtig, der Zivilgesellschaft auch ein Mitspracherecht bei entsprechenden Entscheidungen einzuräumen.

Glossar

Barriere natürliche oder technische Komponente einer kerntechnischen Anlage, die vor Einwirkungen schützen oder die Freisetzung radioaktiver Stoffe verhindern bzw. verringern soll

Bergung ungeplantes Herausholen von radioaktiven Abfällen aus einem Endlager

Endlager Anlage zur wartungsfreien, zeitlich unbefristeten und passiv sicheren Entsorgung von radioaktivem Abfall ohne Rückholbarkeit

Entsorgung Behandlung von Abfällen mit dem Ziel, die dauerhafte Sicherheit von Mensch und Umwelt zu gewährleisten

Entsorgungsoption Konzept einer Entsorgungsanlage, mit der die dauerhafte Sicherheit von Mensch und Umwelt gewährleistet werden soll

Entsorgungspfad spezifischer soziotechnischer Prozess, der zur Entsorgung von radioaktiven Abfällen führt

Heiße Zelle stark abgeschirmter Raum mit gerichteter Luftführung über Filter nach außen zur Handhabung und kurzfristigen Lagerung hoch radioaktiver Stoffe

Hoch radioaktive Abfälle Abfälle, die ein großes Radioaktivitätsinventar besitzen und deshalb ein hohes Maß an Zerfallswärme entwickeln. In Deutschland fallen darunter vor allem bestrahlte Brennelemente und verglaste Abfälle aus der Wiederaufarbeitung bestrahlter Brennelemente

Interdisziplinarität Nutzung von wissenschaftlichen Ansätzen, Denkweisen und/oder Methoden unterschiedlicher Fachrichtungen, insbesondere in der Verbindung von Geistes- und Sozialwissenschaften mit Natur- und Ingenieurwissenschaften

kalkulierbares Risiko Form des Risikos, bei dem sich Eintrittswahrscheinlichkeit und Ausmaß eines Schadens – quantitativ oder qualitativ – einschätzen lassen

Mischoxid-Brennelemente Brennelemente aus Leistungsreaktoren, die neben Uranoxid auch Plutoniumoxid enthalten. Das Plutonium wurde bei der Wiederaufarbeitung bestrahlter Brennelemente gewonnen

Monitoring hier Aktivitäten im Tiefenlager, die darauf abzielen, den Zustand und die Entwicklung der Anlage und ihres Inventars einzuschätzen

Nachweiskonzept Beschreibung des Vorgehens zur Bewertung der Sicherheit einer Entsorgungsoption

Oberflächenlager Einrichtung zur Lagerung radioaktiver Abfälle in einem Gebäude an der Erdoberfläche für einen festgelegten Zeitraum (hier ca. 200 Jahre)

Ordinalskala Aufstellung einer Rangordnung mit Hilfe von Rangwerten. Der Unterschied zwischen den Rangwerten ist nicht bekannt

Reversibilität Möglichkeit, Entscheidungen, die auf dem Entsorgungspfad getroffen worden sind, rückgängig zu machen

Risiko Situation, in der ein Schaden mit einer gewissen Wahrscheinlichkeit eintreten oder nicht eintreten kann

Robustheit Zuverlässigkeit und Qualität und somit die Unempfindlichkeit der Sicherheitsfunktionen einer Entsorgungslösung gegenüber inneren und äußeren Einflüssen und Störungen sowie Unempfindlichkeit der Ergebnisse der Sicherheitsanalyse gegenüber Abweichungen von den zugrunde gelegten Annahmen

Robustheitsdefizit Abweichung der Robustheit wesentlicher Sicherheitsfunktionen eines End- bzw. Tiefenlagersystems von solchen mit „idealer" Robustheit. Besitzt eine wichtige Sicherheitsfunktion mit unverzichtbarer Bedeutung für die Isolation von Schadstoffen nicht die entsprechende hohe Robustheit, dann liegt ein Robustheitsdefizit vor

Rückholbarkeit Geplante technische Vorkehrungen zum Entfernen von radioaktiven Abfällen aus einer Entsorgungsanlage

Rückholung Auslagerung von Abfällen aus einer Entsorgungsanlage

Safety Case siehe „Sicherheitsnachweis"

Schwach und mittel radioaktive Abfälle Abfälle, die überwiegend eine deutlich geringere Radioaktivität enthalten als hoch radioaktive und sich durch eine relativ geringe oder vernachlässigbare Wärmeentwicklung auszeichnen

Sicherheitsfunktion Eigenschaft oder ein im Endlagersystem ablaufender Prozess, die bzw. der in einem sicherheitsbezogenen System oder Teilsystem oder bei einer Einzelkomponente die Erfüllung der sicherheitsrelevanten Anforderungen gewährleistet

Sicherheitskonzept Zielsetzungen, planerische Festlegungen und technische Maßnahmen zur Gewährleistung der Sicherheit einer Entsorgungsoption

Sicherheitsnachweis Ganzheitliche Prüfung, ob eine Entsorgungslösung die Sicherheitsanforderungen erfüllt – unter Einbezug aller Daten, Analysen und unterstützenden Argumente

Sicherung Schutz gegen Proliferation und Einwirkungen Dritter

Sonstige Einwirkungen Dritter Hier terroristische Einwirkungen mittels Hohlladungsgeschossen oder anderen panzerbrechenden Waffen

Szenarium Modell einer zukünftigen Situation oder Entwicklung

Tiefenlager Anlage zur wartungsfreien, zeitlich unbefristeten und passiv sicheren Entsorgung von radioaktivem Abfall im tiefen Untergrund – mit zeitlich begrenztem Monitoring und Vorkehrungen zur Rückholbarkeit der Abfälle

Ungewissheit Mangel an Information, der eine Risikoeinschätzung erschwert oder verunmöglicht

Zwischenlager Einrichtung zur Lagerung radioaktiver Abfälle in einem Gebäude an der Erdoberfläche für einen definierten Zeitraum im Bereich von einigen 10er Jahren

Stichwortverzeichnis

A
Anlage
  übertägige, 89
  untertägige, 89
Asse, 21
Atomausstieg, 19
Auffahren, 90
Auslegung, redundante, 92
Autoriteit Nucleaire Veiligheid en
  Stralingsbescherming (ANVS), 60

B
Barrierefunktion, 102
Barrierensystem, 101
Behälter
  Aufprall, 114
  Belastungen, 93
Behälterkonzept, 37
Belastungskategorie, 113
Bentonit, 30
Beobachtungsphase, 64
Betonsilo, 7
Bewertung, 54, 123
Bohrlochlagerung, 9
  Rückholbarkeit, 10
Bohrprogramm, 30
Bohrung, 9
Brand, 114

D
Daten, 54

E
Einlagerungssohle, 45
Eintrittswahrscheinlichkeit, 115, 120
Einwirkungen von außen, 117
  Beschuss, 118
  Flugzeugabsturz, 118
  kriegerische, 118
Endlager, 3, 32, 98
  internationale Lösung, 13
  Konrad, 21, 110
  multinationales, 13
  Stilllegung, 85
  untertägiges, 4
  Verschluss, 65
Endlagerkommission, 20
Endlagerung im Bohrloch, 8
Entscheidung, politische, 75
Entscheidungsfindung, 55
Entscheidungssituation, 75
Entsorgungskonzept, 17
  Deutschland, 22
  Niederlande, 28
  Schweden, 29
  Schweiz, 25
Entsorgungsoption, 2, 7, 84

Endlagerung, 121
Entsorgungspfad, 2, 84
    Ausgestaltung, 76
    Bewertung, 83
    Deutschland, 18
    Gerechtigkeit, 77
    Niederlande, 26
    Phasen, 87
    Schweiz, 23
    Vergleich, 116, 117
    Wirtschaftlichkeit, 77

F
Fachgremium, 79
Forsmark, 29

G
Gefahren, 59
Gefahrenpotenzial, 5
Gemeinwesen, 79
Generationengerechtigkeit, 63
Gesellschaft, 35
Gorleben, 19, 20
Grenzwert, 70, 71

H
Handhabungsfehler, 114
Handlungsalternative, 39

I
Information, 74
    fehlende, 95
Isolationsleistung, 101

K
Kapselung, 94
Kernenergiegesetz
    Niederlande, 27
    Schweden, 29
    Schweiz, 24
Kernkraftwerk, 1

Kompensation, 63
Konditionierung, 85
Kupferbehälter, 31

L
Lagerzelle, 44
Langzeitsicherheit, 36, 95, 99

M
Meinungsbildungsprozess, 66
Messmethoden, 52
Messsensor, 52
Messwerte, Qualität, 52
Monitoring, 39, 45
    Datenbewertung, 53
    Festlegung des Programms, 49
    Grundsätze, 50
    Messwerte, 52
    Optimierung, 131
    Parameter, 51
    Qualitätssicherung, 48
    rückholungsspezifisches, 55
    Teilziele, 47
    Zeitraum, 48, 52
Monitoringstrecken, 45

N
Naturkonvektion, 26
Nicht-Rückholbarkeit, 62
Nordatlantik, 61
Nordschweiz, 23

O
Oberflächenlager, 4, 6, 73
    Betrieb, 86
    HABOG, 26
Oberflächenlagerung, 26, 86, 98, 130
Öffentlichkeitsbeteiligung, 71
Opalinuston, 23
Oskarshamn, 30
Outranking, 97

Stichwortverzeichnis

P
Partizipation, 50, 72
Permeabilität, 90
Pilotlager, 23, 44
Planfeststellungsbeschluss, 14
Prognostizierbarkeit, 66

R
Radiotoxizität, 60
Rahmenbedingungen, gesellschaftliche, 67
Reaktor-Sicherheitskommission, 21
Referenzszenario, 53
Ressourcen, 77
Reversibilität, 37
Reversibilitätsgedanke, 46
Risiko, 64
    kalkulierbares, 94
    radiologisches, 108–110
Risikoanalyse, 68
Risikoansichten, 67, 72
Risikobewertung, 96, 97, 122
    vergleichende, 96, 119
Risikokarte, 121, 123
Risikovergleich, 108, 115
Robustheit, 102
Robustheitsdefizit, 99, 103–105, 119
    Ermittlung, 107
    Relevanz, 106
    Systemkomponente, 106
Rückholbarkeit, 27, 36, 55
    Frankreich, 44
    generisches Modell, 44
    Risiken, 40
    Schweiz, 43
    und Monitoring, 55, 130
        Eintrittswahrscheinlichkeit von Schadenereignissen, 41
        Gerechtigkeit, 41, 42
        kalkulierbares Risiko, 41
        Konfliktpotenzial, 42
        Kosten der Tiefenlagerung, 42
        Langzeitsicherheit, 41
        Verminderung, 40, 41
        Vertrauensbildung, 41
        volkswirtschaftlicher Nutzen, 41
        Vorsorge, 40
    Varianten, 38
Rückholungsgründe, 37

S
Sachplan, 24
Schadensausmaß, 115, 120
Schädigung, akute, 62
Schadstoff, 5
Schutz der Umwelt, 59
Sicherheit, 64, 129
Sicherheitsanalyse, 68
Sicherheitsfunktion, 99, 102
    Relevanz, 103
Sicherheitskonzept, 90
    Oberflächenlagerung, 92
    Tiefenlagerung, 89
Sicherheitsnachweis, 28, 69, 71, 94
Standortauswahl, 24, 73
Standortauswahlgesetz, 21
Standortauswahlprozess, 130
Störfall, 115
Störung, betriebliche, 114
Strahlenbelastung, 109, 110, 113
    Normalbetrieb, 112
    Störfall, 111, 113
Strahlenschutzkommission, 21
Strahlung, ionisierende, 67

T
Tiefenlager, 3, 30
    Sicherheitskonzept, 48
    Verschluss, 85
Tiefenlagerung, 2, 27, 98
    geologische, 25
    Varianten, 37–39
Trennung und Umwandlung, 10, 12
    Langzeitsicherheitsnachweis, 11

U
Überwachungsprogramm, 49
Ungewissheit, 64, 73–75, 95

V
Vergleich Betriebsphase, 111
Vergleichsmaßstab, 108
Verhältnismäßigkeitsprinzip, 79
Versatz, 91
Verteilen und Verdünnen, 60

Verteilungsgerechtigkeit, 62
Verursacherprinzip, 61

W
Wackersdorf, 19
Wellenberg, 24
Wiederaufarbeitungsanlage, 12

Wirtsgestein, 5
    kristallines Gestein, 6
    Salzgestein, 5
    Steinsalz, 22
    Tonstein, 6

Z
Zwischenlager, 20, 84

If you have any concerns about our products,
you can contact us on
ProductSafety@springernature.com

In case Publisher is established outside the EU,
the EU authorized representative is:
**Springer Nature Customer Service Center GmbH
Europaplatz 3, 69115 Heidelberg, Germany**

Printed by Libri Plureos GmbH
in Hamburg, Germany